1 用流動的清水沖洗後，把水分瀝乾，使用菜刀從花朵與莖部連接的部位切開。

2 該部位切開成一塊塊後，再將每一塊（小朵）對半切開。而比較大塊的部分可再細分成2朵～3朵。

花椰菜莖部使用

切成小朵之後的莖部，先將表面較硬的皮切除厚厚一層。因為內芯的部分非常柔軟，可薄薄切片或切絲後水煮加以利用。

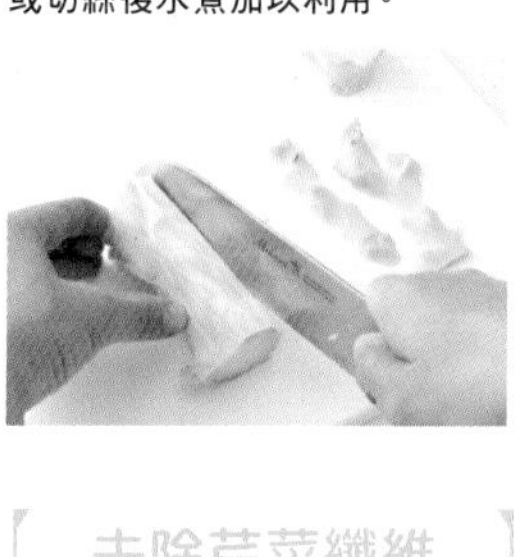

去除芹菜纖維

從莖和葉子連接部分整個折斷，將莖和葉分開之後再使用。從折斷的缺口部位可以看到纖維的頂端，像是要將纖維拉起的感覺，利用菜刀輕輕地從頂端往下剝，就能去除纖維。

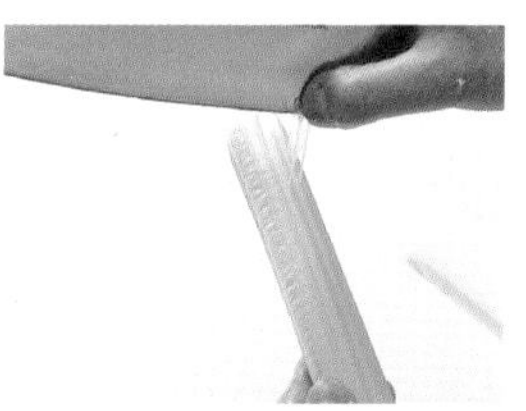

香菇類理前先擦拭

任何香菇類料理前先不要用水清洗，而是先用乾淨的乾抹布或廚房紙巾輕輕擦拭去除污垢。

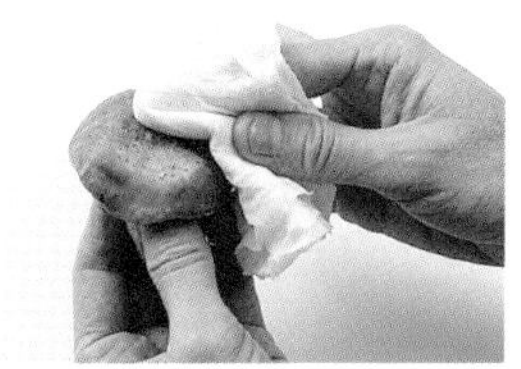

蕈柄清除

以香菇為例

將香菇根部較硬的部位（蕈柄）切除。

以鴻喜菇為例

將鴻喜菇根部較硬的部位（蕈柄）切除。因為硬質部分不多，注意不要連上面的部分都切掉了。

去除香菇蕈柄

將蕈傘以下的部位全部切除。如果料理需要使用，保留這個部位也沒有關係。

切絲

以生薑為例

以纖維的縱向（垂直）方向將生薑置於刨絲器上，以切斷纖維的方式來刨成絲狀。反向的話難以切除纖維，而且較難刨絲。

以白蘿蔔為例

將白蘿蔔以縱向切成兩半或1／4以方便拿取，並以縱向角度刨絲。刨成絲的成品要移至濾網輕輕過濾水分。

汆燙

以菠菜為例

1 在較粗的根部位置劃上十字形。因為葉子和根部加熱的時間不同，所以先將根部放入熱水中，等待30秒左右再將整株菜葉全部放入。

2 待葉子變成新鮮綠色後將其取出，去除水分使之冷卻。接著使用冷水沖洗急速冷卻，根部朝下方向輕輕擰乾。

去除芽眼

以馬鈴薯為例

使用菜刀刀角處深深地插入芽眼，不要有任何殘留、完全挖除乾淨。

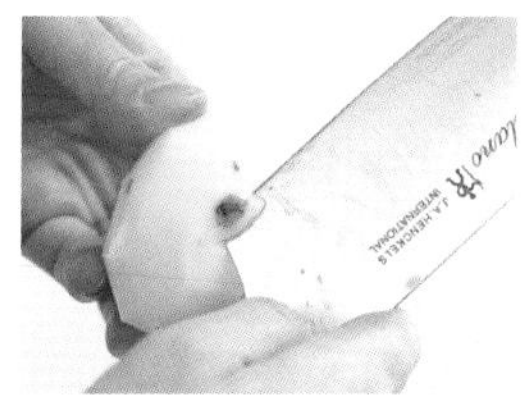

以大蒜為例

取1瓣以縱向對半切開並清除根部，使用刀刃部位切除。

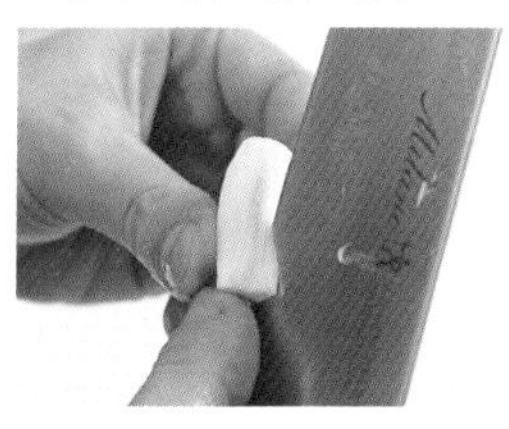

將大蒜完全壓碎

大蒜置於砧板，將菜刀刀腹擺放其上，以手掌接近手腕部位按壓刀腹。

實物大小check！

大蒜
1瓣

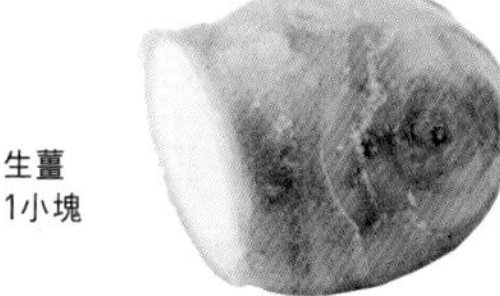

生薑
1小塊

BEANS

【瀝乾豆腐的水分】

以壓上重量為例

使用餐巾紙包住豆腐後放置餐碗內，於其上放置器皿增加重量，靜置約30分鐘。

以使用微波爐為例

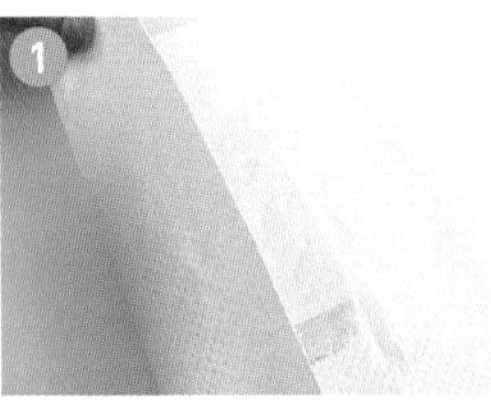

趕時間的時候非常便利。使用餐巾紙包裹豆腐，放入耐熱容器內。餐巾紙太薄的話，可將2張重疊使用。

不需要保鮮膜，直接放入微波爐加熱。使用600W微波爐時，1塊（約300g）約需1分鐘。加熱過度容易產生氣孔，要特別注意。

【油豆腐・炸厚豆腐的去油】

攤在濾網上，從上方淋下熱水。背面也一樣用熱水淋過。稍微進行氽燙也可以。

FISH

【去除蝦子的泥腸】

以竹籤去除方式為例

帶殼的蝦子要將背後彎曲，將竹籤插入殼節之間來抽出背上泥腸。

以切開背部去除方式為例

剝殼之後，將蝦子的腹部靠向手指，以菜刀從背後劃入，再用刀尖將背後泥腸挖出。

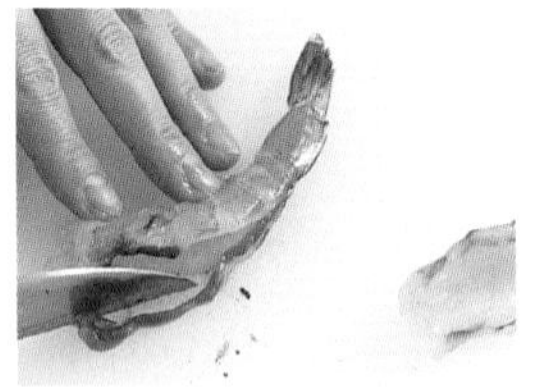

【蝦子的剝殼方法】

從頭部開始向下剝。為了讓外觀顯得完整好看，可以保留接近尾端的1節。

【蛤蠣的吐沙方法】

將蛤蠣倒入大碗，注入3%的鹽水（約1杯水配1小茶匙鹽巴）到大約淹過蛤蠣為止，接著蓋上鋁箔紙，放入冰箱等候30分鐘～1小時，讓蛤蠣吐沙。如需放置超過1小時以上，鹽水的份量必須整個蓋過全部蛤蠣才行。

MEAT

【切成一口大小】

以豬・牛肉薄片為例

肉片重疊放置，切成方便食用的大小。帶有筋肉部分，先行將之切斷，就會更加方便入口。

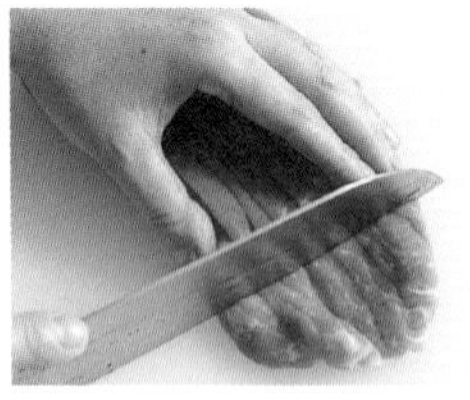

以雞腿肉為例

將帶皮的一面朝下會比較容易切開。縱向切成細長3塊～4塊。

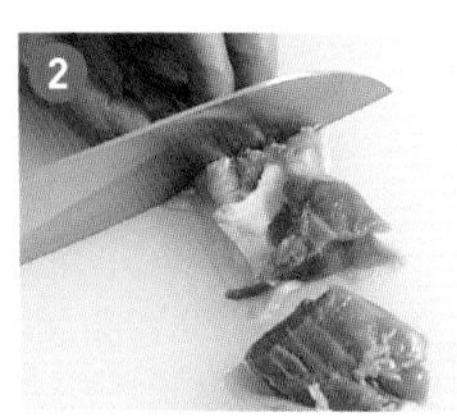

改變方向之後由前端切成方便食用的大小。

【去除脂肪】

以雞腿肉為例

位於雞皮內側緊緊黏著的黃色硬部位就是脂肪，使用菜刀將此切除。

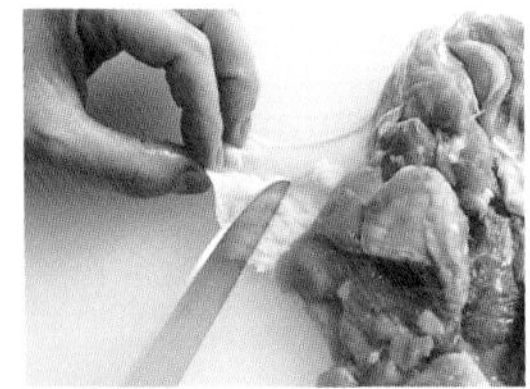

【切斷筋肉】

以厚片豬肉為例

使用菜刀刀尖以直角方向切斷紅肉與脂肪間的白色筋肉，切成3～4段。內側亦同。

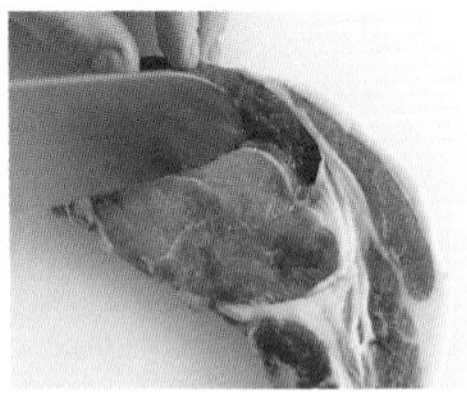

以雞腿肉為例

雞腿是經常運動的部位，會有白色的筋肉，因為偏硬較難咀嚼，用菜刀尖端先切成數段會比較好。

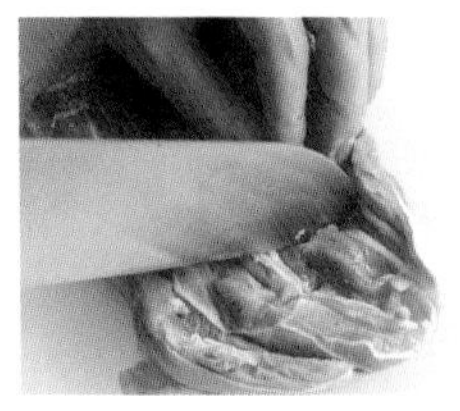

【切成肉塊】

以雞腿肉為例

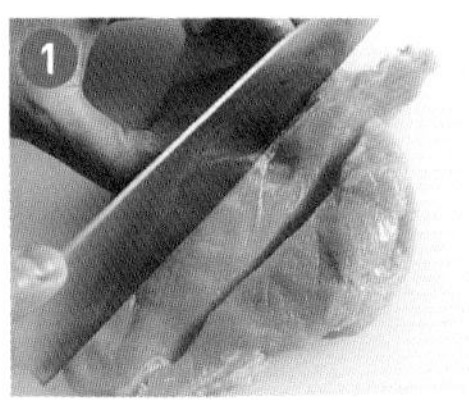

將雞肉平放攤在砧板，縱向切成3塊～4塊。

菜刀打橫，以前後移方式統一厚度，一邊切成一口大小。

以大蒜為例

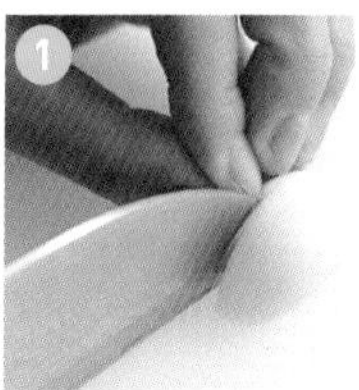

縱向地從頂端到尾端向下細切入數刀，根部部分不要切除。接著將菜刀打橫，以水平方向細切數刀。

壓住根部，由前端開始切碎。如果顆粒仍舊太大，就繼續用菜刀切得更細。

以青蔥為例

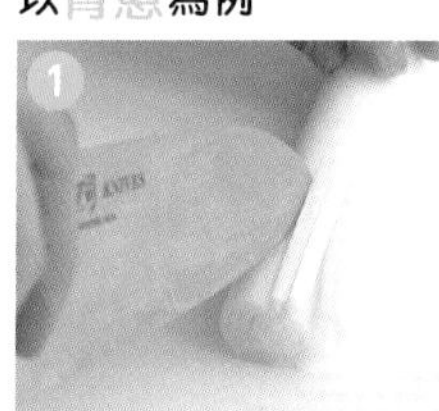

將根部切除，保持長條狀，朝切口方向以縱向切下長約6～7cm的數刀。如果一次切得過長，反而會變得很難切碎。需要非常大量的蔥末時，也請以相同長度並分成數次來重複進行會比較好切。

切好長切口的部分用手確實按壓，由前端開始切碎。

【切成碎末】

以洋蔥為例

縱向對半切開，連同根部繼續留著使用。將切口朝下放置，以不要切斷根部為原則，縱向細細地切片。

將菜刀打橫，以水平方向切下上述步驟的洋蔥。此時一樣要保留根部。由於洋蔥結構容易鬆散，要確實壓好保持形狀，可以的話，再多加3～4刀切割。

由前端開始切碎。為了讓上述步驟切好的部分維持結構不要鬆散，確實壓好洋蔥兩端就是此時關鍵。

最後剩下根部的周圍部位，仔細切片後也和其他部分一樣整個切碎。

以高麗菜為例

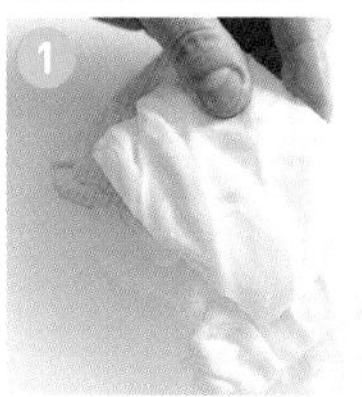

去除中間菜梗部分後以縱向切成3等分，對齊葉脈的方向並將數片菜葉重疊。

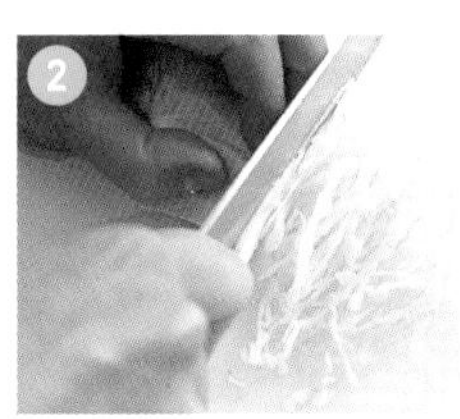

將中間的葉脈以水平或垂直的方向排列整齊，由前端開始切絲。將葉脈切斷的方向來切割口感較軟、沿著葉脈切割口感較硬。

【切成一口大小】

以馬鈴薯為例

先切成兩半，再分別將其切成4等分大小。較大的馬鈴薯，可在對半切開之後，切成6等分。

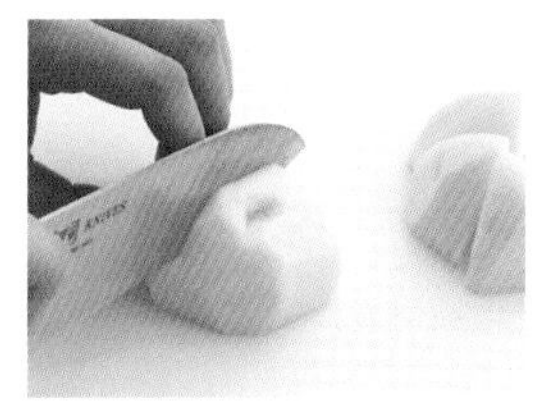

以番茄為例

將切成瓣狀（參照對照表p.2）的番茄瓣再分別切成一半左右的大小。

【切成細絲】

以青蔥為例（白色蔥段）

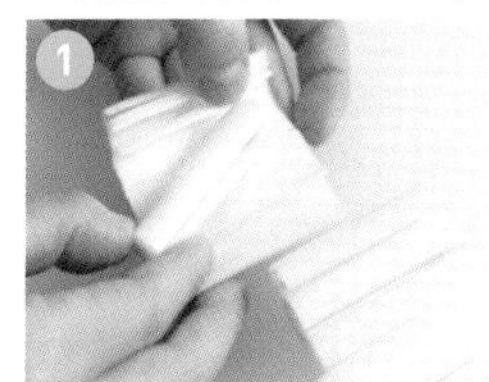

先切成等長的5cm長度。對齊切下來的第一段的長度來切割，就能使其等長，切出漂亮的長度。以縱向切開至中心部位，將位於中心的蔥芯取出。可將蔥芯切碎，在炒菜時使用。

將切開的內側朝下，稍微錯開的予以重疊。

以不要壓迫的力道用左手按壓，由前端開始切成細絲。

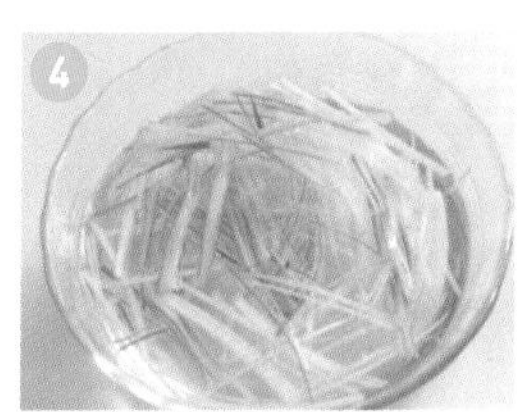

用水沖過即可去除辛辣，呈現清脆口感。

每天製作菜餚時的事前準備事項和切菜方式全部集結在這裡。
放在可以方便隨時拿取的位置，就能立即予以活用。

切成細絲

以斜切薄片來切絲為例

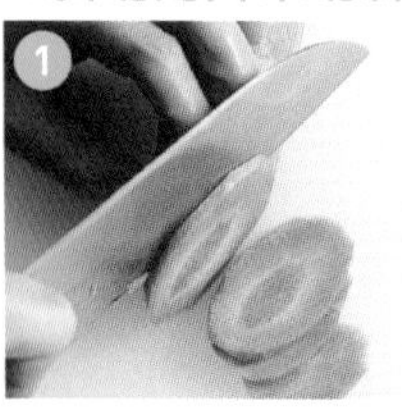

先切成4～5cm的長度，再用菜刀以斜切角度切成薄片。

將切好的薄片稍微錯開縱向排列，由前端開始切成細絲。如此可切出口感柔軟的細絲。

以縱切薄片來切絲為例

先切成4～5cm的長度，再以縱向切成薄片。

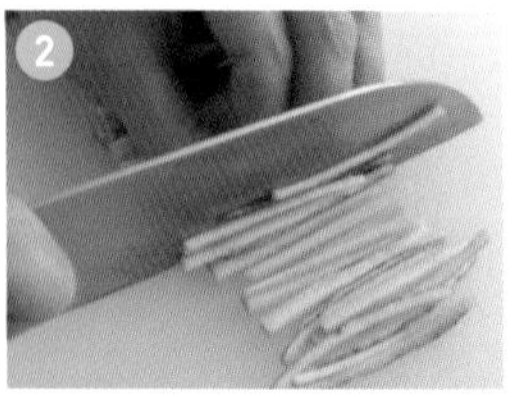

將切好的薄片稍微錯開的以縱向排列，由前端開始切成細絲。切得稍微粗一點可享受不同料理的口感。

瓣狀切塊

以番茄為例

縱向對半切開，並將切口朝下放置，再以放射狀切成4等分左右。

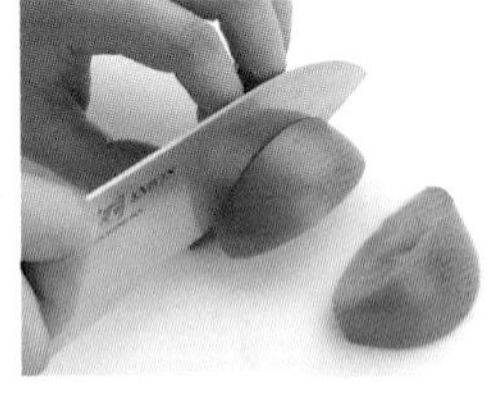

以南瓜為例

先切成八塊之後，將表皮朝下放置，先將菜刀從前端往靠近自己的方向切入。另一隻手放置菜刀刀背（頂部）較為容易施力。

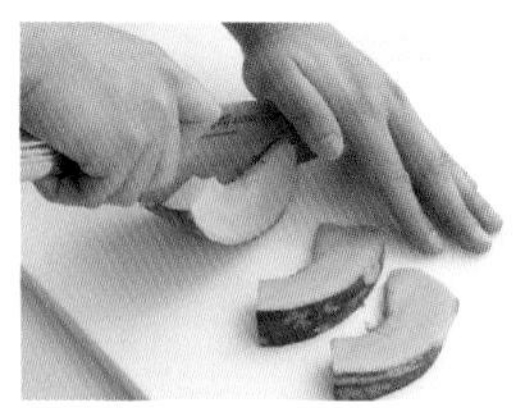

隨意切塊

以紅蘿蔔為例

從前端開始以斜角方向切成一口左右的大小，為方便清楚看到切口，可將紅蘿蔔稍微轉動後以相同方式切塊。並持續重複。

以白蘿蔔為例

切成約10cm的長度再以縱向切成4～6等分。以斜角切入菜刀，邊轉動邊切成一口左右的大小。

斜向切片

將菜刀以斜向帶入切成薄片。是小黃瓜、蔥、牛蒡之類使用的切片法。

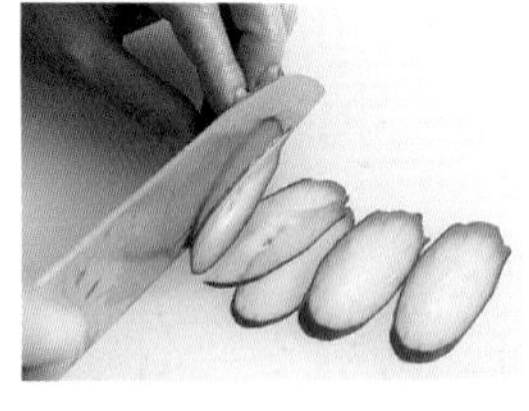

隨意切段

以高麗菜為例

將葉子以縱向對半切開，並切除中間較硬的菜梗部位。接著再以方便食用的大小切成3～4等份。

將切好的菜葉重疊，再以橫向切成3～4等份。

以韮菜為例

根部顯得較白的部位會較硬又充滿纖維感，將其切除2～3cm，再將前端對齊後切成4cm左右長度。

圓形切片

使用菜刀前端來切片的力道不夠穩定，無法垂直切好，要使用菜刀的刀刃中央部位來對著食材垂直切片。是白蘿蔔、紅蘿蔔之類使用的切片法。

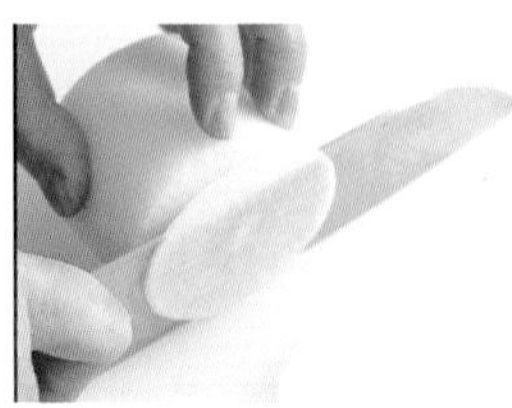

半圓切片

縱向對半切開，讓切口朝下並從前端開始以喜好的厚度切片。是紅蘿蔔、白蘿蔔、蓮藕之類使用的切片法。

四分之一切片

縱向切成四半， 如同半圓切片的模樣放妥，從前端開始以喜好的厚度切片。是許多類蔬菜使用的切片法。

圓柱切片

為維持圓形的切口，將菜刀以直角對著食材從前端開始切片。是蔥和小黃瓜之類使用的切片法。

只要 3 步驟廚房新手變主廚！

基本和風料理 100

牛尾理惠

青文出版

CONTENTS

只要3步驟廚房新手變主廚！

基本和風料理100

Part 3 簡單！美味！只要1樣青菜就能做的菜餚

Part 4 一道菜就能飽足！人氣的飯類・麵類・麵包

料理初學者

首先隨意嘗試製作一道菜吧！

Ponit

「成功了！」這個是帶來自信的重要關鍵

翻開這本書，感覺「似乎很好吃」「這個，好想吃！」的菜餚，首先就嘗試做出1道菜來實驗看看。如果生活忙碌，等週末再試著做出1道菜也非常好喔。經過自己嘗試之後，能夠發現「做的非常美味！」的話，就是最重要的關鍵。畢竟料理的手藝是日積月累而來，只要持之以恆，任何人肯定都能不斷精進。

Ponit

親手做出的料理就會充滿幸福的感覺！

即使只是1道菜，感覺親手做的就是比外面店家購買的更加美味，而且充滿了溫暖的心意。單單只是使用新鮮的食材進行料理，就能令人充滿活力。自己製作的料理可以針對自己的心情和身體狀態予以調整，對心靈和身體都很健康，當然也比外食更為節省。此外，如果一同用餐的對象也能對此感到愉悅，幸福的感覺也會倍增！

親手做的料理以這一點最完美！

1. 安心・安全・兼具美味！
2. 對身體很好又很健康
3. 讓心情變得更為積極♪
4. 能夠節省家庭開銷♥
5. 讓用餐對象感到開心

Ponit 目標就是Happy料理循環效應！

親手做的料理最能夠展現自己的心意。馬馬虎虎的話會讓口味變調、急急忙忙則會顯得粗糙。也因此，當自己下定決心「今天一定要做出美味料理！」的時候，就請務必要遵照食譜的規則來用心料理喔。不慌不忙的掌握整個料理的流程，依照步驟一步步的細心製作。如果能夠做的美味的話，就會受到對方稱讚，而會「想要再次嘗試！」。如此一來，就會感覺到做菜這件事越來越有趣。

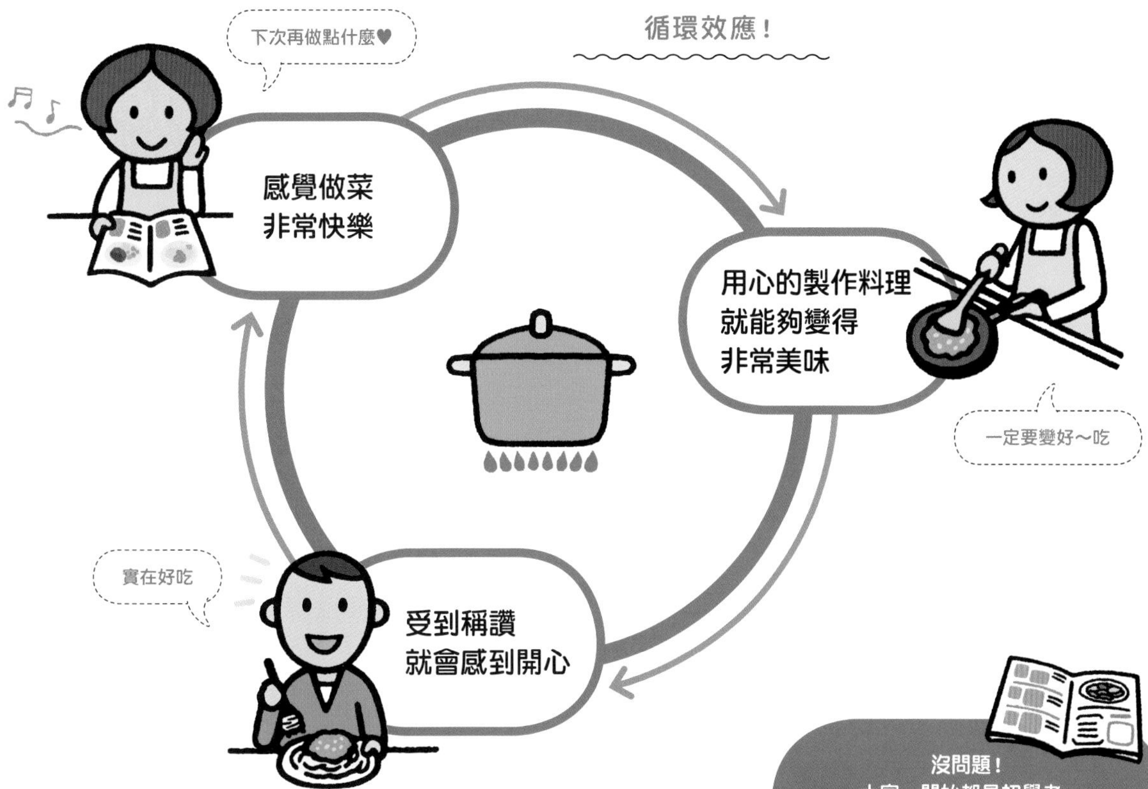

循環效應！

下次再做點什麼♥

感覺做菜
非常快樂

用心的製作料理
就能夠變得
非常美味

一定要變好～吃

受到稱讚
就會感到開心

實在好吃

沒問題！
大家一開始都是初學者。
為了讓料理能夠變得有趣
就由牛尾老師利用這本書來帶領大家！

應該不會
失敗吧

不知道對方
是否會
覺得美味

使用菜刀
也是第一次

徹底解除不安的感覺！

料理初學者的所有細節全面檢測！

所有細節 1　料理書籍的說明太過冗長，令人無法讀下去

料理作法太過冗～長的話，要在腦中予以想像就會變得困難！在嘗試之前，就感覺「不可能辦到」而放棄實在非常可惜。也因此，在這本書中，是以作法1、2、3的步驟說明方式來編輯令人容易瞭解的流程，初學者也能輕鬆的記住。讓實作前的預習更能順利！

所有細節 2　不知道下個步驟究竟為何，因而就此打住

記住製作方式之後，來做吧！這麼想的時候，結果「咦？下個步驟是什麼呢？」的必須重新檢視內容的狀況也應該很多吧。在這種狀況下，因為本書只有3個步驟，下個步驟的作法可迅速映入眼簾。為了讓初學者也能夠輕鬆掌握，文字難以說明的部分就用圖片來解說的編輯方式，以便於一項項確認與進行。

料理是流程的掌握為重要的關鍵。也因此，本書以3step方式設計！

所有細節 3 光是做出1道菜就手忙腳亂……

第一次嘗試料理時，每個人必定都會忙亂得不知如何是好。即使無法做出多道菜餚，專心做好1道菜餚，能為自己帶來絕佳自信。因為只需要做出主菜就好，其他就搭配簡單清爽的沙拉，醬汁使用現成的市售醬汁也OK！不要勉強自己，就能自然的讓自己產生「還想再嘗試！」的想法。

牛尾老師給大家的小小建議

料理是只要願意多嘗試就一定會進步！

學生時代為了幫朋友做一道醬燒牛蒡絲，覺得要把牛蒡切成細絲是非常辛苦的事，但對方因此而感到非常開心，便成了我非常美好的一段回憶。「做給大家吃」也好，「做給自己吃」也非常好。精心製作之後而能讓人品嚐到美味佳餚，將會感到十分幸福。這本書是回想著自己還是料理初學者的種種狀態，仔細編制出能夠確實學會的料理基本方式，和簡單又好料理的各種食譜。剛開始或許會比較花時間、需要花費比較多的工夫來製作，但在不斷練習的過程中就會掌握到訣竅而不斷的益發精進。「完成美味佳餚了！」而不斷累積幸福感，並繼續努力的精益求精吧。

所有細節 4 因為失敗而氣餒，就不會想要嘗試

燒焦的原因是火候太強的緣故？味道太淡的原因是水分沒有完全徹底瀝乾的緣故？失敗一定都有其原因。重新檢視食譜，仔細檢查究竟是哪裡出了問題？只要找出失敗的原因，下次肯定就能成功完成美味♪給努力過的自己好好獎勵，Never give up!

讓大家都作出美味佳餚 手腳並用的全方位傳授！

這本書的食譜閱讀方式

經過精心揉製的肉排呈現了多汁的口感

漢堡肉排

平底鍋 26cm | 1人份 448kcal | 烹飪時間 25分鐘

還差1道！菜名導覽
南瓜沙拉（p.111）
醋漬香菇（p.118）

食材（2人份）

混合絞肉……250g
洋蔥……1/4個 → 切成碎末的洋蔥
雞蛋……1個 → 打碎拌勻
A［預先攪拌好］
麵包粉……4大茶匙
牛奶……1大茶匙
鹽……1/4小茶匙
胡椒……少許
沙拉油……2小茶匙
B 番茄醬……2大茶匙
伍斯特醬……1大茶匙
味醂……1小茶匙
綠色蔬菜嫩葉、切成瓣狀的蕃茄、完整玉米粒……各適量

事前準備

實物大小CHECK！

洋蔥

初學者小姐的SOS

煎煮時的形狀總是難以維持為什麼呢？

牛尾老師's Advice

剛開始煎的時候不要碰觸

關鍵重點在於將肉排放進平底鍋之後，直到煎出黃金色澤前都不要碰觸。不要每隔一下子就去觀察肉排的色澤，而是遵守煎煮所需時間，在這之前都要忍著不去碰觸，等到煎出色澤就代表表層已經固定，此時就不用擔心會變形了。

24

烹飪器具、熱量數字標示、烹飪時間標示出清楚易懂

鍋子、平底鍋、微波爐等等，最主要需要使用的烹飪器具以符號來標示。鍋子和平底鍋等器具可用直徑來標示，就不會弄錯所需的大小。熱量數字標示、烹飪所需時間也都一目了然。

菜名導覽讓配菜不再困擾！

針對主菜部分，會推薦搭配的配菜和醬汁，而針對醬汁部分，也會介紹相對應的搭配菜色內容。可讓色彩豐富又營養均衡，在決定配菜的時候一定要參考喔。

初學者的「?」和做出美味的訣竅都清楚解說

不知為何總會失敗、想要節省時間等等是初學者常會有的疑問，由專家來回答，並針對食譜中的烹飪訣竅來進行解說。能夠更美味的小技巧都在這！一定要看看喔。

食材表的欄位可以瞭解事前做好準備

在備妥食材的同時，就開始進行事前準備，如此一來，便能以1、2、3的步驟來順利進行！尤其是初學者，預先做好萬全的事前準備是最重要的關鍵。

實物大小check!可實際確認應當切割的大小

「切成碎末」「2cm丁」「1.5cm厚度」等等，容易弄錯切菜法的食材，就刊載實物大的照片以供確認。一邊確認一邊準備食材。

「重點在這裡！」由老師仔細的提出各項建議

只靠照片的話可能會容易錯過的重點，就用「對話框的重點提醒」的方式，彷彿老師就在身旁一般的親切指導。只要遵守這些重點來細心的製作，一定就會不斷的進步。

Part 1　基本的菜餚15道

絞肉肉丸的製作

在大碗中放入絞肉、鹽巴，不斷仔細地攪拌揉捏至出現黏性為止。添加洋蔥、攪拌好的雞蛋、A、胡椒，雙手手指伸至大碗底部，抓起又放開攪拌40次左右，直至黏性出現。

肉排成形

將肉丸分成2等份，像是投接球一樣的感覺，將肉丸在兩手間來回拋接20次左右，以去除空氣，接著並調整成橢圓形。厚度大約為1.5～2cm，將表面壓平整之後，在中央壓出凹陷處。

肉丸中的空氣如果沒有去除，煎煮時，內部的空氣就會膨脹，而成為產生裂痕的原因。

【較強中火】　【小火】

煎煮

平底鍋倒入沙拉油，以較強的中火來加熱，肉排凹陷的一面朝下排列，煎1分～1分30秒左右，確實出現黃金色澤後就翻面，繼續煎煮1分～1分30秒。接著蓋上鍋蓋以小火煎約7分鐘，讓內部熟透。輕輕按壓中央部位，出現透明肉汁就表示完成。盛至器皿，灑上綠色蔬菜嫩葉、番茄、玉米粒。

在殘留平底鍋的肉汁中加入B並加以攪拌，以中火加熱約30秒左右來製作醬汁，最後淋至漢堡肉排上。

25

本書的使用方式

●食材基本上是2人份。也有某些菜餚是以容易瞭解的份量來作標示。

●測量單位為，1小茶匙＝5ml、1大茶匙＝15ml、1杯＝200ml、量米杯1杯＝180ml。

●本書的說明中的青菜類都是以清洗作業結束之後的順序。有些需要削皮、去蒂的作業程序也有可能會省略。

●高湯意指為昆布和柴魚片所熬煮而成（p.56參照）。直接使用市售的和風醬汁的話，多半都有添加較多的鹽分，而需事先品嚐口味以進行調整。

●材料表中標示有「請事先攪拌」的食材，事先進行攪拌就能讓料理過程更加順利。

●微波爐的加熱時間是以600W機型的大約時間計算（500W的話是1.2倍）。麵包機的加熱時間是以1000W機型的大約時間計算。此外，不同機種所需的加熱時間多少會有些許差異，請依照實際狀況予以增減。

●卡路里熱量（kcal）為1人份所攝取的大約數值。

●烹飪時間包含從事前準備開始到這道菜料理結束為止所需的大約時間。事前的醃漬等作業時間並沒有包含在內。

火候調整和加熱時間可迅速找到確認OK！

食譜的文章中的火候調整和加熱時間，都會改變字體顏色使其看起來顯眼。此外，照片下方也有「小火」「中火」「大火」等圖示來進行標示，如此就不容易弄錯了！

什～麼都一竅不通的我…

邁向料理高手的改變之道！！之 5 Lesson

能夠成為料理高手實在是太棒了！雖然會這麼想，但卻完全不知道要如何才能辦到。
針對這樣的女性，首先就由牛尾老師從希望大家都能夠先行瞭解的基本守則開始一一教授。
只要能夠確實學會這5項最基礎的課程，料理的手藝就一定會有所精進唷！

Lesson 1

料理關鍵在於按部就班！就從大腦的想像訓練來開始練習吧

如果是從「好像可以了」或「就先這樣吧」開始進行料理，可能會因為需要在過程中補充食材而手忙腳亂，讓作業程序變得非常雜亂。也因此，需要準備什麼、要以怎麼樣的順序來進行、在實際操作前先在腦中進行想像，就變成十～分重要的事情！「今天來作馬鈴薯燉肉吧」像這樣的決定好要做的菜色之後，就用以下的check列表來進行確認吧。

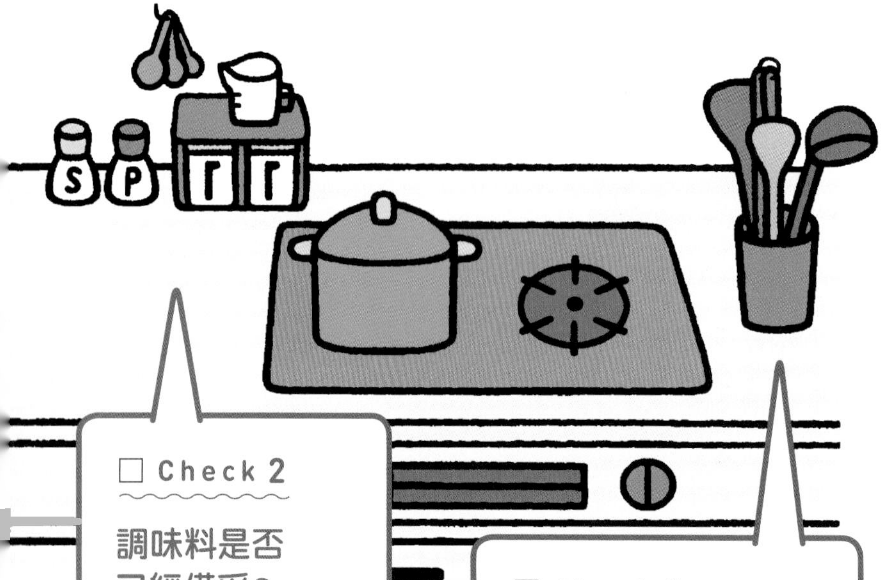

□ Check 1

家裡有無適用的器具？

本書中，每項食譜都會以圖示來標示需要使用的是鍋子或平底鍋，及其大小。鍋具的大小不同的話，熱度的傳導程度和所需的水分用量也會有所不同，請務必選擇適當的器具使用喔。

→器具的選擇法請見p.12

□ Check 2

調味料是否已經備妥？

調味料和量匙、量杯是一定都需要使用到的。請預先放置於可以方便迅速拿取的位置喔。

→詳細解說的計測法請見p.16

「今天要做的菜色」決定好之後，廚房裡的按部就班 Check！

□ Check 4

食材是否已經備妥？

事先記下所需食材，在採買的時候才不會有所遺漏。在開始料理之前，先把需要使用的所有食材從冰箱裡取出。

□ Check 3

料理所需空間是否已經空出？

事先規劃好作業時可以擺放砧板和菜刀、器皿、大碗等使用器具的所需空間，就能夠順利的進行事前準備。

□ Check 6

最後請再次閱讀一次食譜！

在實際操作之前請再度閱讀食譜一次，如此就能在腦中先建立3步驟流程的概念。預先瞭解該有的步驟，心裡就會較有把握而能不慌不忙的進行料理。

□ Check 5

盛裝料理的器皿決定了嗎？

如果能夠盛裝出美麗的料理，就能讓喜悅感倍增！想要盛裝在何種器皿呢？請預先想好喔。

這些基本的器具只要擁有了就能就安心！

Lesson 2

料理所需的器具和所需的數量，是否已經備妥在廚房裡了呢？
試著確認一下基本的器具。只要擁有這些，就能製作本書中全部的食譜了喔！

切菜器具

刨刀

比菜刀更好削皮也能削得更薄！

紅蘿蔔、小黃瓜、蘆筍根部等等，處理需要削皮的蔬菜時的必需品。亦可作為切片器等需要切成薄片的時候使用。

砧板

塑膠製品較不容易發臭或發霉。選用方便料理的較大尺寸及1.5cm左右具有厚度的設計，就能讓切菜時也具有穩定感。

菜刀

只要擁有1把萬用菜刀，即可切割肉類、魚類、青菜等的所有食材。刀刃長度20cm左右較方便使用，建議購買不易生鏽的不銹鋼製。

加熱用器具

平底鍋・小（直徑20cm）

不含鍋蓋也OK

使用較少食材的時候，或製作早餐與便當使用，像是較小的平底鍋在某些時候也很活躍。擁有較大平底鍋之後，應該購買的就是這個。

油煎 香炒 氽燙

平底鍋・大（直徑26cm）

附有鍋蓋

可對應各式各樣的料理需求的較大尺寸。此類鐵氟龍塗料的鍋具為消耗品，感覺食材變得容易燒焦就是該換新的時候了。

油煎 香炒 氽燙 清蒸

鍋子・小（直徑16cm）

2人份的湯品是這個就夠用

味噌湯和水煮青菜、少量燉煮等等，用處很多的單柄鍋具。握起把柄就能隨意移動，用鍋蓋輕輕壓著就能濾出湯汁，非常的方便好用。

鍋子・大（直徑20cm）

想要大量食用時的燉煮鍋具是這個！

製作咖哩或熬湯等需要燉煮的料理，或是需要使用大量熱水煮義大利麵時，就能派上用場。有不銹鋼製、琺瑯製等材質，可依照個人喜好選用。

電子鍋

有免洗米或糙米模式等，也有多種功能。沒有的話，可用鍋具炊煮（p.127參照）。

微波爐

可將較硬的青菜進行加熱，可輕鬆完成加熱的事前準備。建議購買具有烤箱功能的款式。

烤箱

焗烤等需要用烤箱烤過料理時使用。如果是具有烤箱功能的微波爐，則可代替烤箱使用。

擁有的話很便利

平底鍋・較深（直徑24cm）

油炸時，較深的鍋具會很便利（沒有的話，使用較大的平底鍋或鍋子來油炸也OK）。熬煮、水煮時也都能夠使用，擁有它就很方便。

油炸 熬煮 氽燙

事前準備用的器具

烤盤・大中小

底面平整的烤盤，在盛裝事前準備用的食材時可以整個攤開，比餐碗不易累積重量。想要均勻裹上麵包粉，或盛裝油炸物時使用。

盛裝切好的青菜或裹上麵衣時大活躍！

濾網・大小

選用可以耐熱、又方便拿取的不銹鋼製。依照食材的份量，區分不同大小使用。

餐碗・大中小

還有耐熱玻璃製會更便利

混合、攪拌、清洗等等，搭配食材的份量和用途，至少需要3種尺寸。不銹鋼製是又輕又堅固。想再補充1個的話，選用可在微波爐加熱使用的耐熱玻璃製。

測量的器具

料理用電子秤

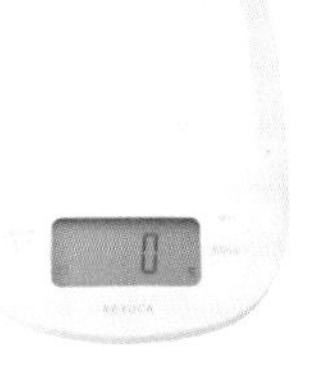

為了能夠正確測量食材的重量，希望能夠擁有此項器具。尤其是微波爐的加熱時間和重量有固定比例，以公克為單位測量就能減少失敗。

量匙

較深的半圓形可方便測量

主要用於測量調味料或油品大茶匙（15ml）和小茶匙（5ml）兩種湯匙。比起較淺的類型，建議使用較深的半圓形。

量杯

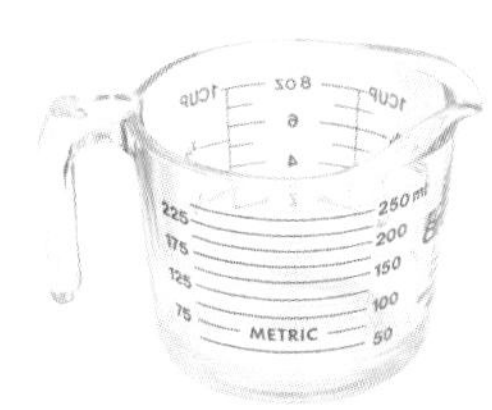

可以用來測量1杯（200ml）份量的容器。食譜中的「清水2杯」「高湯1杯」等等的份量，就是使用量杯盛裝測量的。

混合・拌炒等等的器具

油煎鍋鏟

將較大的食材翻面時會比較不易失敗

將漢堡肉排或煎餃等食材翻面時使用。建議選購不易刮傷平底鍋的樹脂加工製品。

湯杓

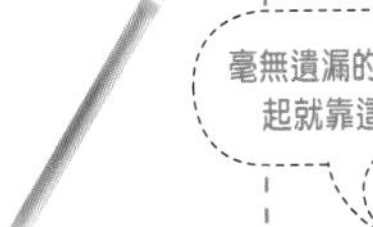

將液體湯汁撈起、攪拌等時候需要使用。

攪拌杓

毫無遺漏的整個刮起就靠這個！

具有彈性，可沿著餐碗的側面刮得乾乾淨淨。矽膠製品的話亦可耐高溫。

木鍋鏟

平整的尖端部分，可用於全部食材的拌炒、混合。木製的款式較輕，也比較不易吸熱。

長柄筷

選擇自己感覺好拿好用的長度

柄部較長的長柄筷，是拌炒、攪拌、盛盤等等，在烹飪的各個階段都有高度用處。

擁有會很便利的器具

其他的所需物品

- ◯ 刨絲器
- ◯ 茶葉濾網
- ◯ 料理剪刀
- ◯ 竹籤（或牙籤）
- ◯ 鋁箔紙
- ◯ 保鮮膜
- ◯ 餐巾紙
- ◯ 烤盤紙

料理用計時器

可防止不小心煎過頭或汆燙過久的失敗，初學者要測量時間比較安心。

小於鍋具的鍋蓋

讓所有食材都吸收湯汁時使用。自己手作也OK（p.98參照）。

濾杓

網眼較密、可將水煮時產生的殘渣乾淨濾起。沒有的話，亦可使用濾網代替。

夾子

最適合用於夾取炙熱的肉塊等較大的食材。義大利麵盛盤時也很好用。

徹底學習，菜刀的正確使用法和切菜法

Lesson 3

料理的根本就從切食材開始進行。只要仔細做好切菜的動作又沒有產生任何問題的話，接下來的烹煮就能順利進行。就從站立的姿勢開始，重新檢視吧！

一起來學習菜刀使用時的正確姿勢

＊以下說明是以右手作為慣用手為前提

右腳（慣用腳側）輕輕向後退後1步，距離流理台要空出握拳1個拳頭的空間。這就是正確的姿勢！菜刀與砧板必須呈直角角度，如此可以有效使用砧板的面積，也毋須過度出力而造成疲勞。

【用貓掌姿勢來壓住】

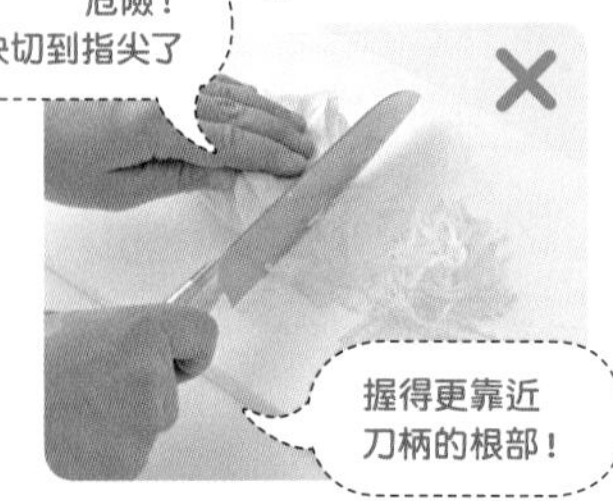

用指尖來壓住食材是絕對NG的！如果已經養成這種習慣要立刻改正。要確實緊握刀柄的根部，否則會因為搖晃而無法切好。

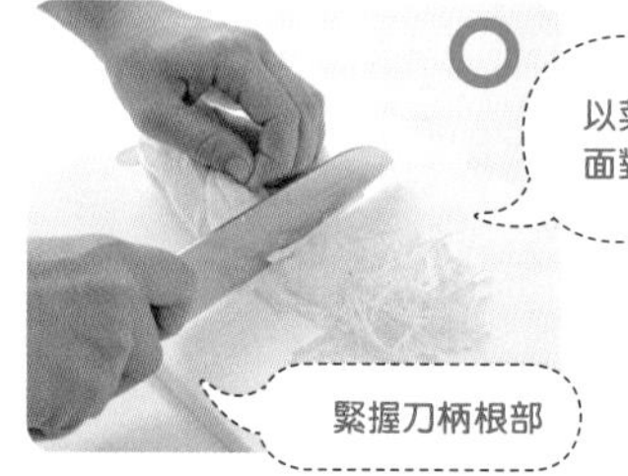

將指尖向手心方向輕輕彎曲，讓第1節指節接觸到菜刀刀片，指節可以協助支撐菜刀，讓切菜時的穩定度增加。

【較硬的食材要輔助施力】

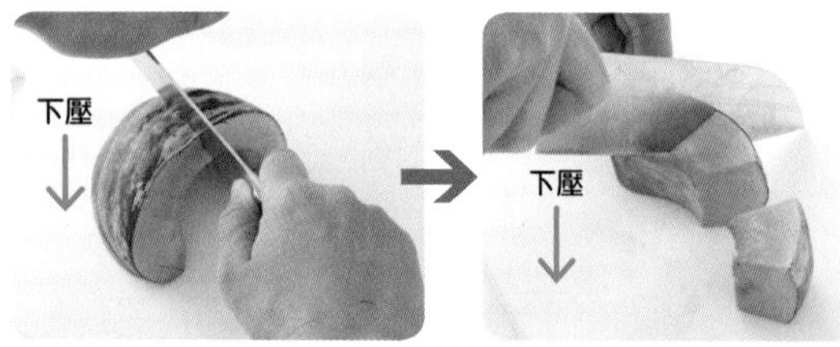

南瓜等較硬的食材，需要將其放置穩定後，用另一隻手放在菜刀刀背處輔助施力。

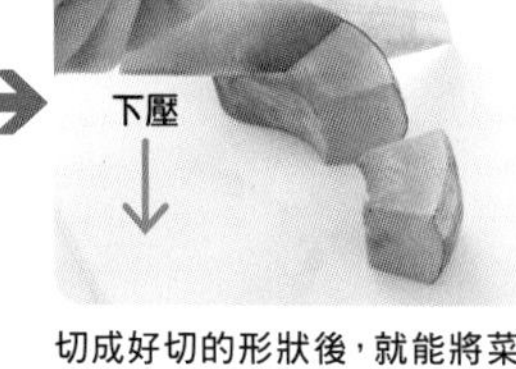

切成好切的形狀後，就能將菜刀刀刃從斜前方切入，再將菜刀靠刀柄側直接下壓，稍微施力會比較好切。

【基本是向斜前方壓下、後抽】

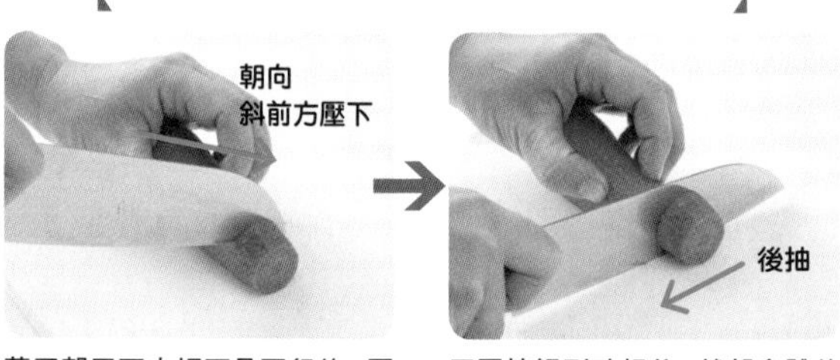

菜刀朝正下方切下是不行的。要將刀刃往斜前方按壓切下，就能不需耗費多餘力氣切菜。

刀刃接觸到砧板後，就朝身體的方向往後抽。目標就是此番規律性動作的重複！

菜刀的部位一起來記住吧！

菜刀的部位在食譜中也會經常提到喔。要記住代表性的使用方法

刀尖 刀刃尖端。

用刀尖

去除番茄的蒂頭

將菜刀打直後把刀尖插入蒂頭的側邊，一邊小幅度的移動一邊將蒂頭整圈去除。

切斷豬肉肉筋

用刀尖插入將豬里脊肉的紅肉和脂肪之間的肉筋，以1.5cm的間隔將其切斷。

腹 刀刃兩側平坦的部位。

用刀腹

將大蒜壓碎

將刀腹貼合大蒜上方，用手掌施力將其壓碎。只要使整體產生裂痕就OK。

柄 手握的部位。

刃長 刀刃長度

背（刀背） 和刀柄連結的材質較厚的部位。

用刀背

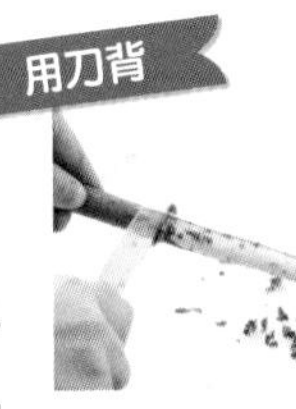

可用來幫牛蒡削皮

將刀背貼於牛蒡的由上往下滑動，就能將褐色表皮薄薄削去。

刀角 接近刀柄的部位。

用刀角

去除馬鈴薯的芽眼

用刀角插入芽（凹下發芽部位）的側邊，像要要將整個褐色部位去除般的全部挖起。

砧板・菜刀的清潔保養

砧板需勤加使用熱水消毒

砧板因為容易繁殖細菌，可用熱水消毒。利用汆燙青菜用的熱水即可輕鬆消毒。

簡易磨刀器就能恢復鋒利度！

就算沒有購買磨刀石。簡易磨刀器也OK。要養成在感覺「變得不好切」的時候，就要磨刀的習慣。

【讓食材的大小統一加熱時可平均溫度】

以紅蘿蔔為例

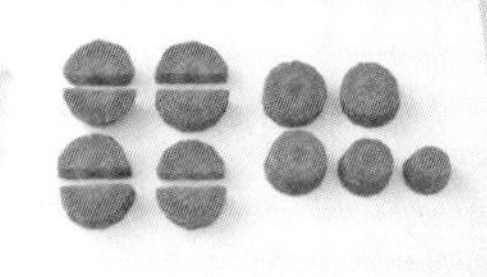

像紅蘿蔔這種有粗的部分和細的部分的食材，使用圓形切片、半圓切片、四分之一切片等等，依照切菜的方式就能予以解決。

以花椰菜為例

花朵較大的時候，可在莖部劃上一刀，再用手掰成兩半。能夠將大小統一，加熱時的溫度和口味調味也較容易統一。

【切好的食材放入平底盤】

以切好的順序放入將砧板清空

需要使用數種食材的時候，切好的食材不要一直放在砧板上。以切好的順序依序放入平底盤內，如此才能有效率的進行料理。

確實的「測量」對初學者而言最為重要！

Lesson 4

對調味料的測量不太注重的人，先不要急著做菜～！這樣無法完成食譜上的風味喔。
想要正確的測量，還需要一點小小的訣竅，在此進行確認喔。

＼量匙／

以液狀物為例（醬油、味醂、酒類、油類等等）

〈1大茶匙〉

較深的半球形量匙的話，和量匙的邊緣呈水平狀態的份量就是剛剛好1大茶匙。

〈1／2大茶匙〉

弧度彎曲的底部部分的體積較小，這樣就是1／2大茶匙。約為深度的2／3左右。

【量匙是以大茶匙・小茶匙為基本】

也有再配上1／2小茶匙的一整套組合，但基本上只要擁有大小這2支就沒有問題了

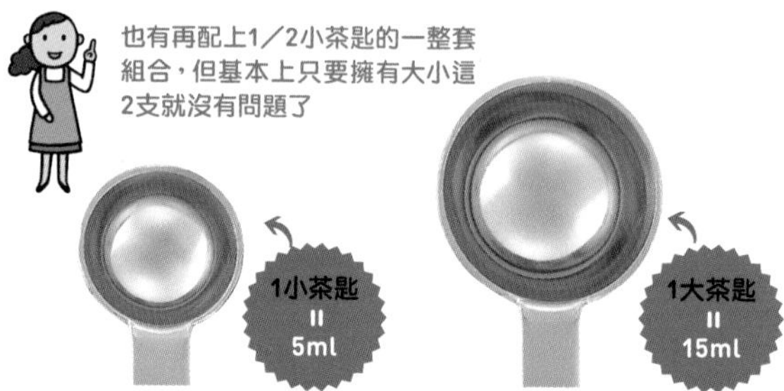

要測量食譜中提到的調味料和油類，這2支是必須的！和餐具的咖哩湯匙份量有所不同，請務必使用專用的量匙。

【一小撮】

以3隻手指抓取

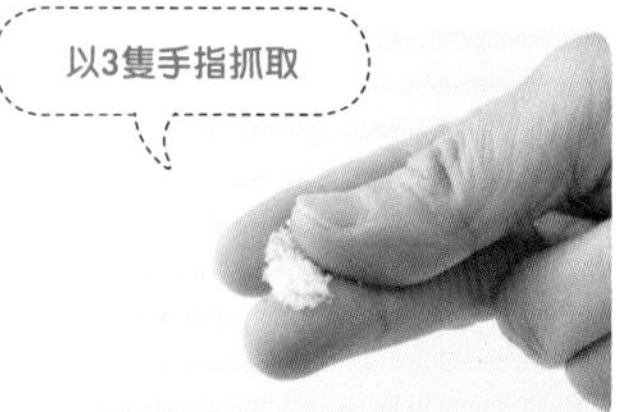

「一小撮鹽巴」意指使用拇指、食指、中指這3隻手指抓取的份量。約1／4～1／5小茶匙左右。

＼量匙／

以粉狀物為例（砂糖、鹽巴、麵粉、太白粉等等）

〈盛滿刮平〉

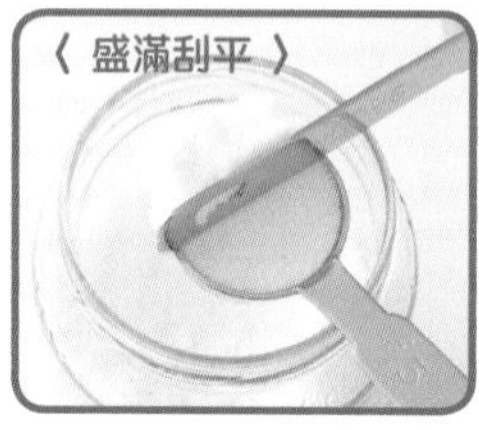

舀起尖匙的份量之後，再以湯匙柄之類的物品沿著邊緣刮下使表面平整。

〈1大茶匙〉

表面呈現平整狀態，就是1大茶匙。

〈1／2大茶匙〉

將表面刮平之後，畫出中間線條並將一半的份量倒出。1／4的話，再分出一半並倒出。

【以食材的秤重為例】

確定刻度調整為0g

切好的食材先不要清洗直接放上，才能測量正確的公克數

將平底盤放上料理用電子秤之後，按下1個按鈕就能設定成為0g。

實物大小check！

奶油10g

【奶油是】

預先切成10g份量

1條（200g）的話，預先切成20等份就很方便。

【量杯是】

〈1杯=200ml〉

以1杯為基準，1／2杯（100 ml）、1／4杯（50 ml）等等的依照刻度正確測量。

先記起來就很便利！

「調味的基本規則」

各種料理的模式雖然不同，但想要完成美味佳餚卻有著共通的調味基本規則。
能夠事先記起來，對每天的料理將大有助益喔。趕快先記住吧！

1 熱炒食材要將薄肉切片預先醃漬讓美味度UP！

泡菜炒豬肉或青椒肉絲等等，或是使用剩菜的青菜和肉絲一起拌炒的時候，只要用鹽巴和胡椒來醃漬薄肉切片，就能讓整體口味提升無限美味。薄肉切片可以迅速入味，要炒之前醃漬就OK。

用手搓揉予以攪拌

2 汆燙青菜或義大利麵的時候在熱水放入鹽巴是不能忘記的

在放入鹽巴的熱水中汆燙青菜可讓色澤鮮美，並帶出甜味。義大利麵則需要先行調味。鹽巴和熱水的比例約為1%左右，1L熱水的話就是2個小茶匙的鹽巴。味噌湯的鹽分大約就是1%，記住味噌湯的鹹味感覺。

加入沸騰的熱水中

3 "先加入砂糖"熬煮。等甜味整個進入食材之後，再加入鹽巴。

鹽巴的粒子比砂糖更小、浸透力更強，如果先加入鹽巴的話，會讓之後才加入的砂糖甜味無法被吸收。請遵守先用砂糖熬煮，再加入鹽巴、醬油等順序。味醂則是在一開始或最後調整時使用都沒有問題。

甜煮南瓜就是代表性的料理

4 拌炒的食材要用搭配的調味料來迅速又均勻的使其入味

酒、醬油、蠔油等等，需要使用數種調味料的熱炒菜餚，在烹飪時才將調味料一個個倒入，會因為淋上方式和拌炒方向而產生差異，甚至讓味道不均勻。建議先將調味料裝在小容器中混合再行使用。

事先將調味料混合好就不會手忙腳亂！

5 香煎時的鹽巴是肉類重量的1%、魚類重量的2%左右

舉例來說，厚切2片里脊豬肉片（250 g），約需1/2小茶匙（2.5 g）、竹莢魚2條（300 g），約需1小茶匙（6g）左右。兩面都要均勻的灑上。購買時的包裝就會寫上重量，請在料理前進行確認喔。

從較高的位置毫無遺漏灑上

6 料理的鹹淡調整很重要！

等到要吃的時候才發現「啊，似乎弄錯鹽巴和砂糖比例」的話就糟糕了。任何料理，是否能夠煮得美味，最後確認鹹淡的步驟非常重要。使用小碟子或較深的湯匙就可以了喔。

這2項就是我試鹹淡專用的器皿和湯匙

只要遵守火候控制就能夠防止失敗

Lesson 5

常會發生「外熟內生」「燒焦」之類的失敗，調整火候就能完全解決。
只要遵守食譜上的適當火候，一定就能迅速上手喔！

火候控制的基本是小火・中火・大火

火焰較小又微弱的狀態。湯汁只會出現小小泡沫而已。適合想要帶出大蒜香氣的時候，或慢慢熬煮的時候使用。

居於小火和大火的中間，火焰剛好可以接觸鍋底的狀態。湯汁會不斷滾動沸騰。多數的料理都以中火為基本。

火焰旺盛的接觸整個鍋底的狀態。湯汁不斷翻滾的起泡沸騰。適合熱炒類、揮發水分的時候使用。

火候控制是在料理當中也要根據狀況隨時調整

將火打開之後就放著不去觀察狀態是NG的。覺得肉類快要燒焦的時候要將火關小、熬煮的湯汁在沸騰之後也要把火關小、湯汁太多的話要用大火來揮發水分等。根據料理時的狀態，臨機應變的予以對應吧！

樹脂加工品的平底鍋要先加入油類才能開火

將鐵氟龍塗料鍋具「乾燒」的話會傷害到加工表面。要先添加油類，並傾斜鍋面使其均勻佈滿後再開火。

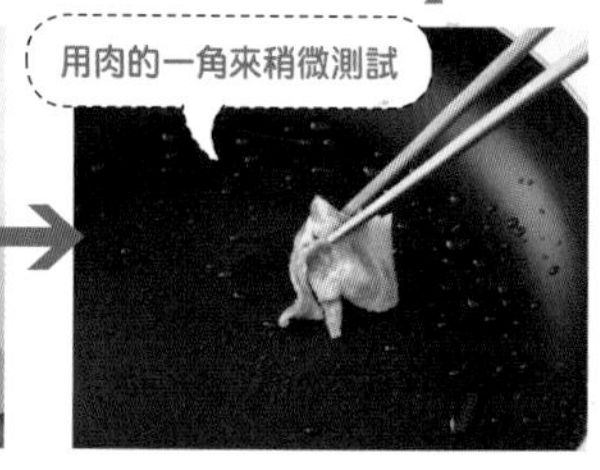

熱鍋約15～30秒，接著放入食材。將肉的一角，或沾有蛋液的長柄筷接觸鍋面時，出現滋滋作響的聲音就是熱鍋完成的證據。

油炸時的油溫用長柄筷來確認

油炸時的油溫用外觀雖然很難判斷，但確認方式卻很簡單！試著將長柄筷沾濕之後確實瀝乾水分，然後放入油鍋的中心看看。依泡沫狀態就能瞭解溫度。

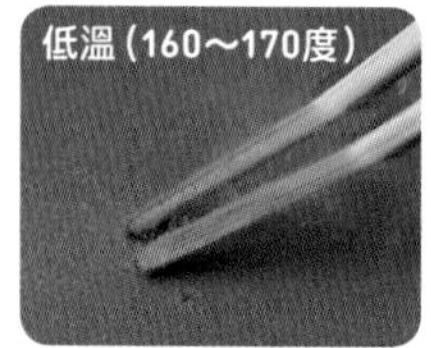

放入長柄筷之後，細小的泡泡慢慢的開始緩緩上升的狀態。適合用於根莖類等，難以透熱而需要慢慢油炸處理的時候。

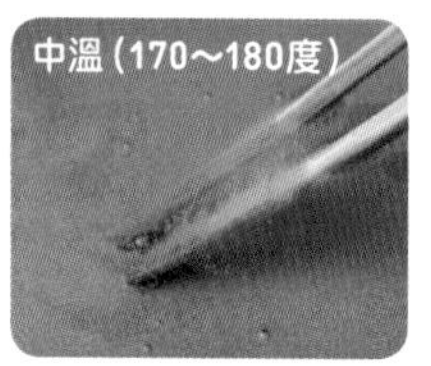

放入長柄筷之後，迅速出現小泡泡不斷的向上升的狀態。可樂餅、炸豬排等等，幾乎所有的油炸類都適用這個溫度。

放入長柄筷之後，迅速出現大泡泡大量向上竄升的狀態。適合用於已經加熱過的二度油炸等食材需要酥脆口感的時候。

手持平底鍋的握把來改變位置、搖晃食材

只是呆呆的望著鍋內食材是不行的。要確實的握住把手來活動！在平底鍋內的不同位置，加熱程度會有所不同，例如漢堡肉排會需要變換肉排的位置，熱炒菜餚會需要前後搖晃使油脂分佈平均，是非常重要的。

Part 1

針對超級初學者的 第一步想要學會的 基本美味菜餚15道

推薦給初次學習料理的人，是特別挑選所謂基本中的基本的15道菜餚。以較少的文字＆較大的步驟圖片，用簡單易懂的方式來進行教學。馬鈴薯燉肉、漢堡肉排、日式炸雞塊等等，全部都是會讓人想要一做再做的人氣菜餚。

放置加重物來予以香煎，讓表皮呈現金黃酥脆

香煎雞排

平底鍋 26cm

1人份	烹飪時間
417kcal	20分鐘

※扣除先行放置室溫的時間

還差1道！菜名導覽

綠色蔬菜沙拉（p.120）
紅蘿蔔炒明太子（p.103）

食材（2人份）

事前準備

- 雞腿肉……2小片（360g）→料理前30分鐘放置室溫回溫
- 大蒜……1瓣→參照下圖
- 甜椒（紅）……1／2個→去除種籽，以縱向切成4瓣
- 杏鮑菇……1條→縱向切成1cm幅度
- 鹽……約2／3小茶匙
- 胡椒……少許
- 橄欖油……2小茶匙
- 切成瓣狀的檸檬、荷蘭芹……各適量

大蒜的 事前準備的訣竅

使用菜刀刀腹貼合大蒜，從上方施力予以壓碎。

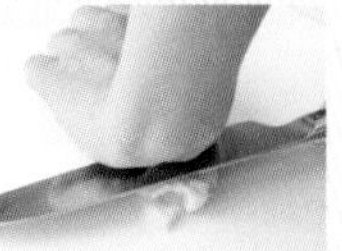

初學者小姐的SOS

即使已經遵照時間煎煮
中心部位卻依然還是生的！

牛尾老師's Advice

放置室溫回溫非常重要

將雞肉從冰箱取出之後，是否就直接放進鍋中煎了？在冰冷的狀態下進行烹煮，內部將無法完全熟透。先放置室溫回溫30分鐘之後再來煎煮吧。此方法也適用於其他的魚類和肉類喔。

預先醃漬調味

使用叉子將雞肉的表皮刺穿多處。具有厚度的部位可稍微用菜刀畫出幾道刀痕（p.150參照），灑上鹽巴和胡椒。

灑在雞肉上的鹽巴份量，約為肉類重量的1%左右（沒有抹上醬料的狀態）。

2小片360g的話，360 × 0.01=3.6g

約為2／3小茶匙左右。

事先記起來的話會很方便喔

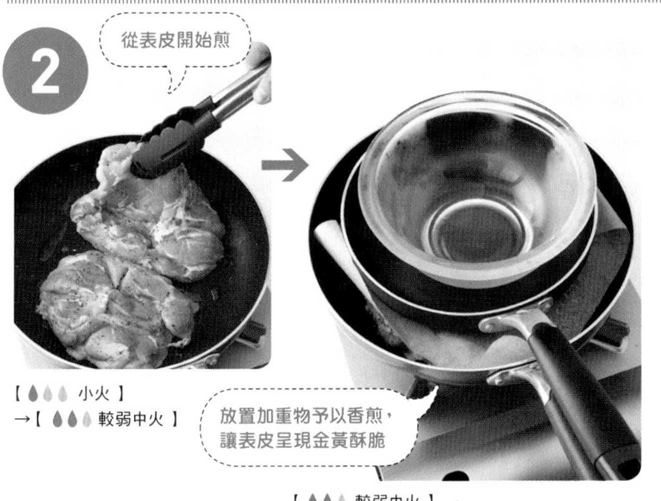

【小火】
→【較弱中火】

【較弱中火】

香煎

在平底鍋內放入橄欖油和大蒜，以小火加熱，待大蒜出現金黃色澤並出現香味後從鍋中取出。將雞肉表皮朝下的放入鍋中，以較弱的中火繼續煎。接著依烤盤紙、20cm的平底鍋、裝滿水的大碗的順序放在上面增加重量。

【較弱中火】

【較弱中火】

翻面繼續煎

煎10分鐘左右待表皮變得酥脆之後就翻面，繼續再煎5分鐘。然後在平底鍋的空位放入甜椒和杏鮑菇一起煎。

將香煎雞排切成方便食用的大小後盛放至餐盤，並放上甜椒、杏鮑菇、檸檬和荷蘭芹。

雙柄鍋具 20cm

1人份	烹飪時間
498kcal	30分鐘

馬鈴薯燉肉

還差1道！菜名導覽

鹽烤竹莢魚（p.74）
水煮菠菜（p.106）

食材（2人份）

事前準備

- 牛肉切片……150g
- 馬鈴薯（男爵品種）……2個（300g）→ 切成稍微大一點的一口大小之後沖水、瀝乾
- 洋蔥……1／2個 → 切成瓣狀（6等份）大小
- 蒟蒻粉絲……80g → 隨意切段，稍微汆燙
- 豌豆……6～10片 → 撕去纖維，用鹽水汆燙
- 沙拉油……1小茶匙
- 砂糖、酒、味醂……各2大茶匙
- 醬油……3大茶匙

實物大小CHECK！

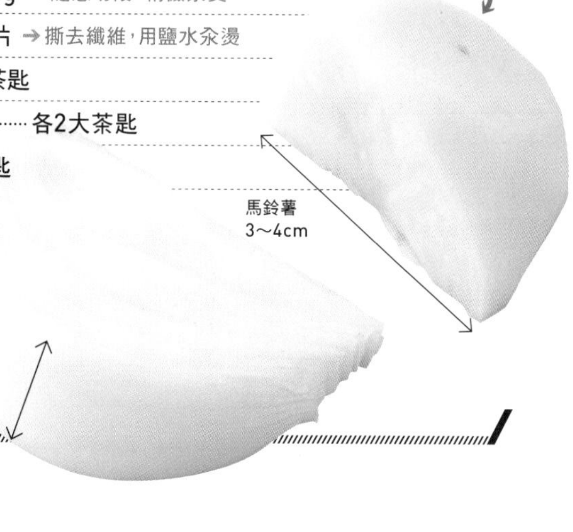

馬鈴薯
3～4cm

洋蔥
1.5～2cm

初學者小姐的SOS

我沒有小於鍋具的鍋蓋。
無論如何都一定需要嗎？

牛尾老師's Advice

使用烤盤紙就能製作喔

如果沒有使用小於鍋具的鍋蓋，湯汁將無法遍及全體，味道就無法均勻遍佈，甚至可能會因為食材超出湯汁範圍而出現加熱不均的狀況。只要使用烤盤紙就能輕鬆製作，一定要試試看喔（參考p.98）

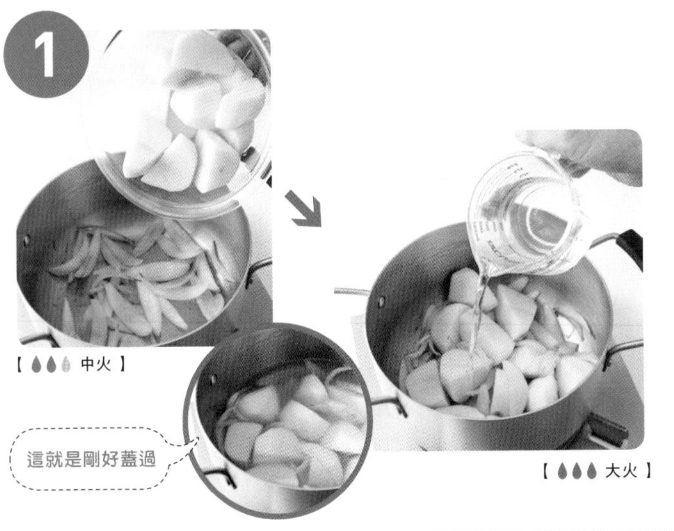

將蔬菜炒熟之後，加入水

在鍋內倒入沙拉油以中火加熱、放入洋蔥拌炒，等到表面出現透明感之後再加入馬鈴薯繼續拌炒約1分鐘。等到全部都吸收油脂之後，加水至剛好蓋過食材（約為2杯左右）的高度，轉成大火。

將鍋子
稍微傾斜
濾網比較容易使用

加入肉片

等到食材稍微加熱後，將牛肉攤開加入，注意不要讓肉片結成一塊。等肉片顏色改變後，放入豌豆並加以攪拌。待食材沸騰即轉成中火，過濾掉雜質。

以前都不知道

【中火】

煮好之後的湯汁
大概是這樣

調味之後加以熬煮

依序添加砂糖、酒、味醂、醬油和小於鍋具的鍋蓋（參考p.98）之後，熬煮約10分鐘。取出小於鍋具的鍋蓋，放入蒟蒻粉絲。煮約1～2分鐘讓湯汁收乾，關火。

直接靜置使其自然冷卻，
熬煮的食材在冷卻的同時
就能入味。

經過精心揉製的肉排呈現了多汁的口感

1人份	烹飪時間
448kcal	25分鐘

漢堡肉排

還差1道！菜名導覽

南瓜沙拉（p.111）
醋漬香菇（p.118）

食材（2人份）

事前準備

混合絞肉……250g

洋蔥……1／4個 → 切成碎末的洋蔥

雞蛋……1個 → 打碎拌勻

Ⓐ［預先攪拌好］
- 麵包粉……4大茶匙
- 牛奶……1大茶匙

鹽……1／4小茶匙

胡椒……少許

沙拉油……2小茶匙

Ⓑ
- 番茄醬……2大茶匙
- 伍斯特醬……1大茶匙
- 味醂……1小茶匙

綠色蔬菜嫩葉、切成瓣狀的蕃茄、完整玉米粒……各適量

實物大小CHECK！

洋蔥

初學者小姐的SOS

煎煮時的形狀總是難以維持
為什麼呢？

牛尾老師's Advice

剛開始煎的時候不要碰觸

關鍵重點在於將肉排放進平底鍋之後，直到煎出黃金色澤前都不要碰觸。不要每隔一下子就去觀察肉排的色澤，而是遵守煎煮所需時間，在這之前都要忍著不去碰觸，等到煎出色澤就代表表層已經固定，此時就不用擔心會變形了。

絞肉肉丸的製作

在大碗中放入絞肉、鹽巴，不斷仔細地攪拌揉捏至出現黏性為止。添加洋蔥、攪拌好的雞蛋、A、胡椒，雙手手指伸至大碗底部，抓起又放開攪拌40次左右，直至黏性出現。

肉排成形

將肉丸分成2等份，像是投接球一樣的感覺，將肉丸在兩手間來回拋接20次左右，以去除空氣，接著並調整成橢圓形。厚度大約為1.5～2cm，將表面壓平整之後，在中央壓出凹陷處。

肉丸中的空氣如果沒有去除，
煎煮時，內部的空氣就會膨脹，
而成為產生裂痕的原因。

原來如此！

【較強中火】　【小火】

煎煮

平底鍋倒入沙拉油，以較強的中火來加熱，肉排凹陷的一面朝下排列，煎1分～1分30秒左右，確實出現黃金色澤後就翻面，繼續煎煮1分～1分30秒。接著蓋上鍋蓋以小火煎約7分鐘，讓內部熟透。輕輕按壓中央部位，出現透明肉汁就表示完成。盛至器皿，灑上綠色蔬菜嫩葉、番茄、玉米粒。

在殘留平底鍋的肉汁中加入B並加以攪拌，以中火加熱約30秒左右來製作醬汁，最後淋至漢堡肉排上。

深型平底鍋 24cm

1人份	烹飪時間
402kcal	30分鐘

日式炸雞塊

還差1道！菜名導覽

涼拌高麗菜沙拉（p.100）
花椰菜拌芝麻（p.112）

食材（2人份）

事前準備

- 雞腿肉…1片（約250g）→切成4～5cm大小
- Ⓐ［先攪拌均勻］
  - 切成碎末的生薑……1／2小茶匙
  - 切成碎末的大蒜……1／2小茶匙
  - 味醂、醬油……各2小茶匙
- 太白粉……4大茶匙
- 鹽……1／4小茶匙
- 醬油……少許
- 油炸油……適量
- 綠色蔬菜葉片、切成瓣狀的檸檬……各適量

實物大小CHECK！

雞肉 4～5cm

初學者小姐的SOS

想要作出油炸料理，但缺少油炸鍋具！

牛尾老師's Advice

使用較深的平底鍋也OK！

烹飪油炸料理時，若沒有使用油炸專用的鍋具也沒有關係，使用較深的平底鍋就足夠了。不需要使用非常大量的油炸油，只要大約蓋過食材的份量，並在中途翻面就能讓整體均勻加熱。

事先醃肉

雞肉灑上鹽巴、胡椒，並輕輕抓捏。加上A之後繼續抓捏，並放置室溫回溫約15分鐘。

從醃肉到裹上麵衣
都在1個大碗內完成的製作方式。
使用塑膠袋來代替大碗也OK，
在醃肉的狀態下
亦可進行冷凍！

裹上麵衣

殘留過多肉汁會導致麵衣無法均勻裹上，所以過多的肉汁必須倒掉。接著加入太白粉，搓揉至均勻裹上沒有結塊為止。

油炸

在深型的平底鍋倒入油炸油，以中溫（170～180度／測量方式請參考p.18）加熱。放入雞肉塊，等到麵衣凝固成形之後（用筷子輕觸確認），使用長柄筷將每個肉塊翻面。油炸約5～7分鐘，待麵衣整個凝固之後就取出、瀝乾油質。

盛放於餐具，放上綠色蔬菜葉片和檸檬。

不時的搖晃平底鍋即可防止燒焦沾鍋

麥年式香煎鮭魚

平底鍋 26cm

1人份	烹飪時間
300kcal	25分鐘

※扣除製作馬鈴薯佐起司粉的時間

還差1道！菜名導覽

牛蒡美乃滋沙拉（p.117）
醋漬香菇（p.118）

食材（2人份）

- 鮭魚……2片切片
- 切成碎末的巴西里……2小茶匙 事前準備
- 檸檬圓形切片……2片 → 將皮剝除
- 鹽……1／4小茶匙
- 胡椒……少許
- 麵粉……1大茶匙
- 橄欖油……2小茶匙
- 奶油……30g
- 馬鈴薯佐起司粉（p.105）、帶著葉子的水芹……各適量

初學者小姐的SOS

哪些醬料的種類適合搭配呢
請老師教教我們

牛尾老師's Advice

只要將巴西里替換掉就OK

只要將切碎的蒔蘿（香料的一種）或酸豆代替巴西里來加入原本的醬料，就會成為不同香氣的醬料。此外，不要使用檸檬，改為添加少量的醬油，就會成為很下飯的麥年式口味喔。

事先醃魚

鮭魚切片灑上鹽巴並靜置10分鐘。使用餐巾紙將鮭魚產生的水分拭除，接著灑上胡椒，最後裹上麵粉、拍除多餘的粉末。

魚類灑上鹽巴會因滲透壓產生水分，
並因此增加甜味，魚類的腥味
也會隨水分排出，一定要記得擦拭

【中火→較弱中火】

【較弱中火】

香煎

平底鍋放入橄欖油、奶油10g以中火加熱，待奶油融化之後，將醃魚時朝上的一面以向下的方向放入鍋中排列，轉成較弱的中火煎約3分鐘，要不時地晃動平底鍋以防止煎得太焦。感覺煎得恰到好處的時候翻面，繼續煎約2分鐘。

盛入餐具、放上馬鈴薯佐起司和水芹。

【小火】

要隨時注意火候，
不要讓奶油燒焦了

不會增加需要清洗的器具
令人開心♪

製作醬料

使用餐巾紙將平底鍋的污垢擦拭乾淨，放入奶油20g以小火加熱，待奶油融化之後，放入巴西里和檸檬，隨即關火，淋在煎好的麥年式鮭魚上。

謹守熬煮的時間，肉類和馬鈴薯都會變得軟嫩

平底鍋 26cm 雙柄鍋具 20cm

1人份 563kcal 烹飪時間 70分鐘

豬肉咖哩

還差1道！菜名導覽

小黃瓜炒鮪魚（p.109）
熱炒麵包粉花椰菜（p.113）

食材（容易烹飪的份量・3～4人份）

事前準備

- 豬肩里脊肉肉塊（或咖哩用肉）……200g → 切成2cm丁狀
- 洋蔥……1／2顆 → 切成瓣狀（6等分）的大小
- 馬鈴薯……2小顆（200g） → 切成一口大小
- 紅蘿蔔……1／2根 → 將皮削除，切成2～3cm大小
- 白飯……400g
- 鹽、胡椒……各少許
- 沙拉油……1.5小茶匙
- 咖哩塊……100g

實物大小CHECK！

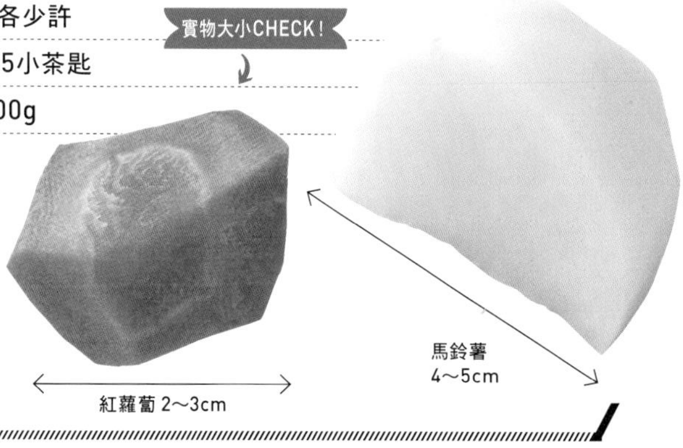

紅蘿蔔 2～3cm

馬鈴薯 4～5cm

初學者小姐的SOS

蔬菜的部分明明很軟嫩
但肉類的部分卻很硬

牛尾老師's Advice

先將肉煮好再放入蔬菜

咖哩塊的外包裝說明上常會標示「將肉類和青菜同時拌炒，再加水熬煮」的煮法，但如果是使用肉塊，建議先行拌炒肉類會比較好（這裡介紹的就是此種方法。如果是薄切肉片的話，和蔬菜同時放入則OK！）。蔬菜較慢放入的話，就不用擔心煮得太爛。

1

【 大火 】　【 中火 】

拌炒食材

將豬肉灑上鹽巴、胡椒抓捏。在平底鍋放入沙拉油1小茶匙以大火加熱，放入豬肉拌炒，待表面出現色澤便移至雙柄鍋具。

在平底鍋繼續放入沙拉油1／2小茶匙以中火加熱，放入洋蔥拌炒至熟透之後移至鍋具。最後在平底鍋注入3杯水，以木鏟拌炒後直接倒入雙柄鍋具。

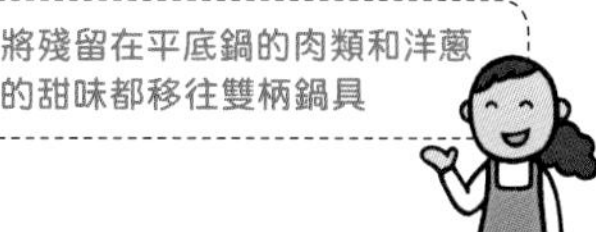

2

【 小火 】

【 大火 】→【 小火 】

可以順利穿過就OK！

【 較弱中火 】

熬煮

以大火加熱，待沸騰之後蓋上鍋蓋以小火熬煮約30分鐘。加入紅蘿蔔再熬煮約5分鐘，接著放入馬鈴薯、轉成較弱的中火來熬煮約10分鐘。使用竹籤確認馬鈴薯熟度，能夠順利穿過中間部位就表示已經熟透。

3

【 小火 】

加入咖哩塊繼續熬煮

將咖哩塊切成小片以便溶解。將❷的火關掉，放入咖哩塊。在不破壞馬鈴薯形狀的狀態下，用木鏟攪拌幫助溶解，待完全溶解之後，小火熬煮約5分鐘。

用餐具盛上白飯並添加咖哩，有的話還可以添加辣薤。

以前都不知道

配合蔬菜硬度來調整蒸熱的時間

溫沙拉佐香蒜鯷魚醬汁

平底鍋 26cm　平底鍋 20cm

1人份	烹飪時間
349kcal	35分鐘

還差1道！菜名導覽

香煎豬排（p.71）
三明治2種（p.134）

食材（2人份）

事前準備

花椰菜……100g → 分成小朵、較大朵的可以再切成兩半

蕪菁……1顆 → 留下2cm的莖，其餘切掉，削皮之後切成瓣狀（6等份大小）

紅蘿蔔……1／2條 → 削皮之後切成1.5cm的厚度

馬鈴薯……1顆（150g） → 切成1.5cm的厚度、2cm的大小

大蒜……5瓣 → 縱向對半切開、切除發芽部位

鯷魚（去骨魚片）……4片 → 預先切成碎末

牛奶……1／2杯

橄欖油……3大茶匙

鹽……少許

實物大小CHECK！

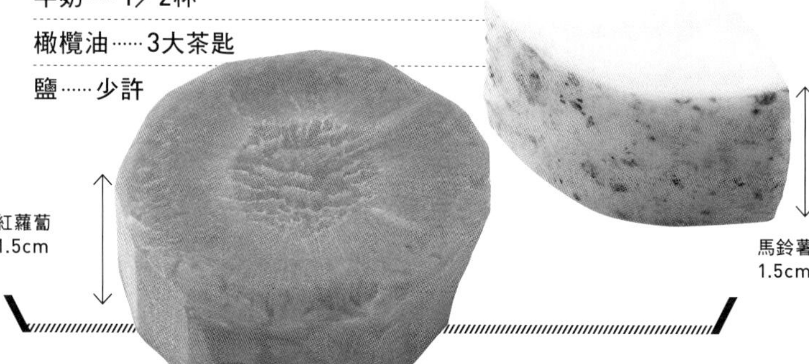

初學者小姐的SOS

是否還有其他的蔬菜也適合這樣的作法？

牛尾老師's Advice

根莖類或薯類都非常推薦

牛蒡、蓮藕、白蘿蔔等等的根莖類，或地瓜、芋頭等薯類，鴻喜菇、蘑菇等等的香菇類，南瓜、花菜等等的食材都非常適合這樣的烹調方式。但要注意記得配合青菜的硬度來調整蒸煮時間喔。

包裹蔬菜

將每種蔬菜分開包裹。取用較大片的鋁箔紙，用手輕輕揉成一團之後攤開，放上蔬菜之後，輕輕包裹。

用鋁箔紙包裹再放入的話，
蔬菜不會直接接觸到熱水，
完成時就不會變得濕濕軟軟的

【大火】
→【較弱中火】

【較弱中火】

以平底鍋來蒸煮

26cm的平底鍋裝入清水直至約1cm深度，蓋上鍋蓋以大火加熱。

沸騰之後先放入較難熟透的馬鈴薯和紅蘿蔔並蓋上鍋蓋，以較弱的中火蒸煮約10分鐘。接著再放入蕪菁、花椰菜，蓋上鍋蓋繼續蒸煮約5分鐘，感覺水分減少的話就要補充熱水。

【小火】

【極度小火】

製作醬料

20cm的平底鍋放入大蒜，加入剛好蓋過食材的水分以大火加熱。煮開之後轉成中火繼續烹煮約15分鐘，倒掉水分。

加入牛奶之後調成小火，一邊用叉子攪拌熬煮約10分鐘，等到牛奶變濃稠之後會很容易燒焦，要轉成極度小火。放入鯷魚，在攪拌的同時慢慢一點一點地倒入橄欖油。等到完全加熱完畢之後就關火，試好口味之後調整鹽巴份量。

將蔬菜從鋁箔紙中取出、盛入餐具，並添加醬料。

確實的將內餡揉好的話，口感就會變得更棒

煎餃

平底鍋 26cm

1人份	烹飪時間
367kcal	40分鐘

還差1道！菜名導覽

紅蘿蔔細絲沙拉（p.102）
南瓜沙拉（p.111）

食材（20個・約2人份）

事前準備

- 豬絞肉……80g
- 高麗菜……120g → 預先切成碎末
- 韮菜……30g → 預先切成碎末
- 蔥……1／4根 → 預先切成碎末
- 大蒜……1瓣 → 去除發芽部位之後切成碎末
- 水餃皮……20片
- 鹽……1／4小茶匙
- A 麻油、酒……各1小茶匙
  - 蠔油……1／2小茶匙
  - 胡椒……少許
- 麻油……1大茶匙
- 醋、醬油、辣油……各適量

實物大小CHECK！

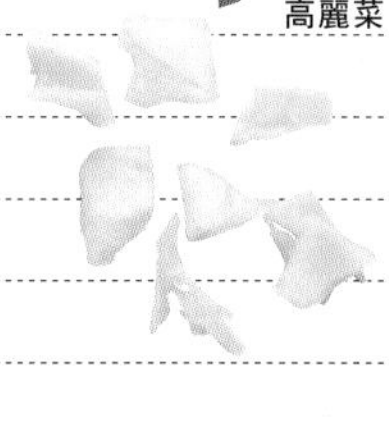

初學者小姐的SOS

因為是1個人獨居
20個實在是吃不完

牛尾老師's Advice

也能夠以冷凍保存喔

在下鍋煎煮之前先將吃不完的份量舀起，以間隔排列方式置於金屬製的平底盤上，放入冷凍庫，冷凍凝固之後改裝入保存用的袋子，即可保存於冷凍庫。確實冷凍之後再放入袋內保存的話，就不用擔心會黏在一起。煎的時候就在冷凍的狀態下直接放入，只要稍微延長煎的時間即可。

1

製作餡料

在高麗菜灑上鹽巴輕輕攪拌，靜置約10分鐘左右確定出水之後，就將水分擰乾。

將韭菜、蔥、大蒜、絞肉等放入A的大碗內徹底攪拌。因為蔬菜的份量較多，要徹底的攪拌至出現黏性為止，否則餡料會容易散開而無法成形。

2

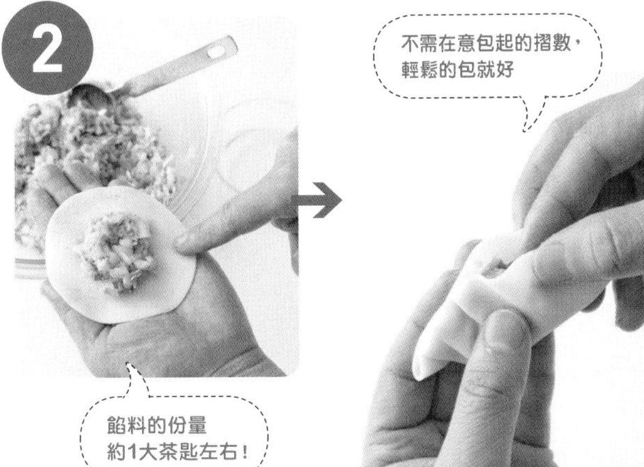

將餡料放入餃皮包起

用一個小碗準備少許清水，將餃皮攤開在手掌上，取整個餡料的1／20量（大約是1大茶匙左右）置於餃皮的中央部位。用手指沾水，將餃皮周圍沾濕後，輕輕對半摺起，從靠近自己的一側開始慢慢以打摺的方式向另一側包過去，剩下的亦以相同方式包起。

如果有剩餘的餡料，可用作煮湯的材料，
或加蛋攪拌煎來吃的徹底利用完畢喔

3

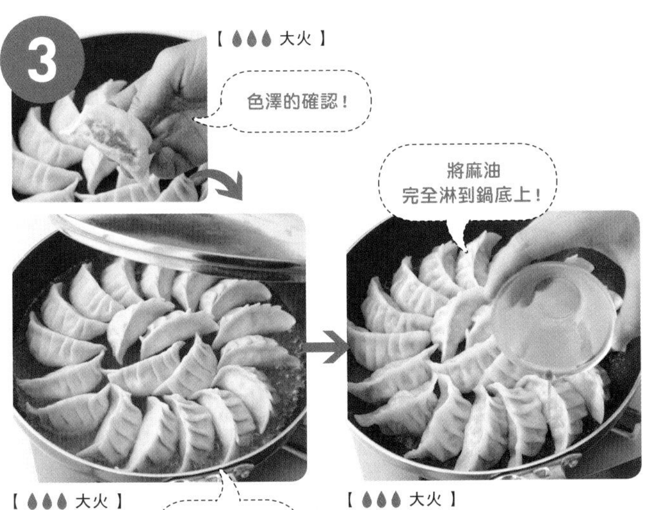

香煎

平底鍋放入2小茶匙的麻油以大火加熱，將餃子排入鍋內。煎煮約1～2分鐘產生色澤之後，倒入約餃子一半高度的清水（約1杯份量），蓋上鍋蓋水煎約3～5分鐘。

待水分變少之後即可掀起鍋蓋，將1小茶匙的麻油沿著平底鍋邊緣慢慢倒入，並搖晃鍋子使油份均勻流入，讓水分蒸發帶出香煎色澤。

盛放於餐具，沾取水餃醬和辣油等醬料食用。

將味噌分成2次添加，讓風味更加提升！

平底鍋 26cm

1人份 293kcal

烹飪時間 20分鐘

味噌燉青花魚

還差1道！菜名導覽

醋漬小黃瓜（p.108）
牛蒡美乃滋沙拉（p.117）

食材（2人份）

事前準備

- 半邊青花魚……2小片 ➔ 以斜切方式對半切開
- 生薑……1塊 ➔ 以帶皮的狀態切成薄片
- 酒……1／2杯
- 砂糖、味醂……各1大茶匙
- 醬油……1／2大茶匙
- 味噌……2大茶匙

實物大小CHECK！

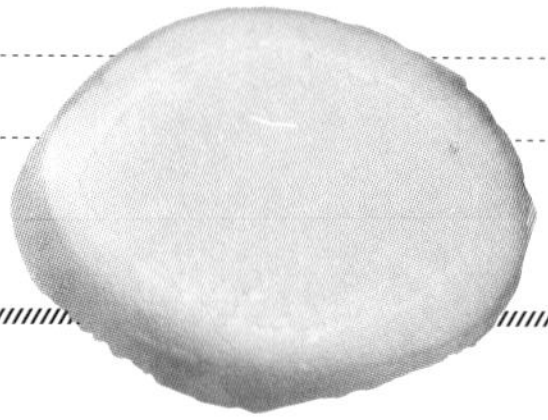

生薑

初學者小姐的SOS

想要只作1人份的1片
該如何料理才好？

牛尾老師's Advice

使用較小的平底鍋來料理

本書中是將其作為主菜而以1人2小片的方式來介紹食譜，但如果要作1人份1片的話，只要使用2／3份量的湯汁喔（水1杯、酒大茶匙5、砂糖、味醂各2小茶匙、醬油1小茶匙、味噌4小茶匙）。改用直徑20cm的平底鍋。直徑26cm的平底鍋會太大，湯汁無法完整被青花魚吸收。

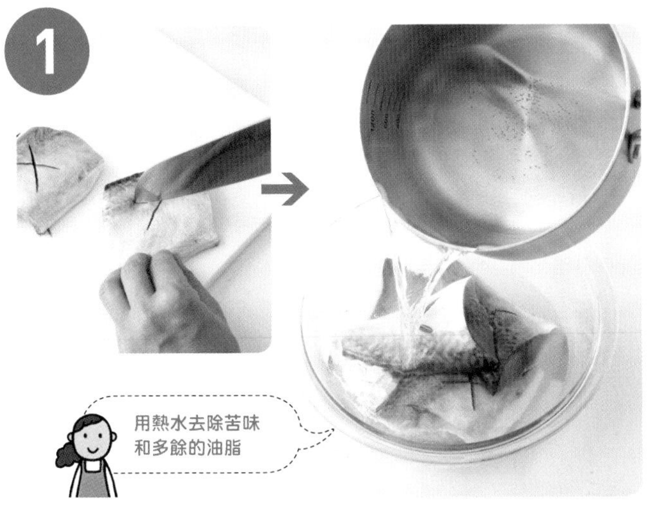

去除青花魚的苦味

青花魚的表面刻上十字形的刻痕。放入大碗內以畫圓方式淋上熱水，待表面稍微變白之後倒入清水，徹底清洗去除黏液和血水，接著瀝乾水分。

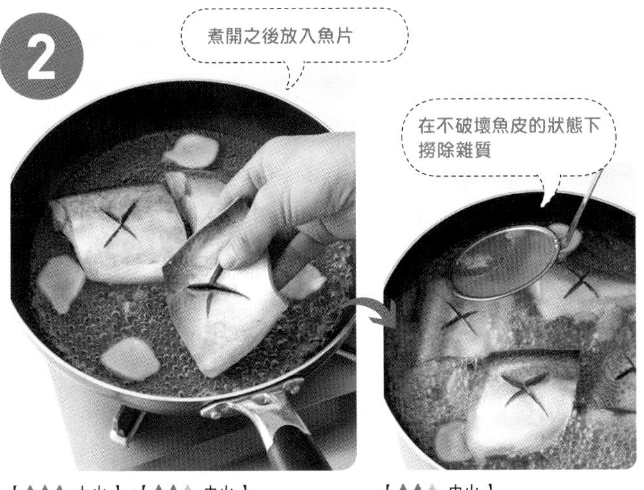

水+酒熬煮青花魚

先於平底鍋放入生薑、酒、水（大約1.5杯左右）。預先放入約青花魚一半高度水分的話，在放下青花魚時就是剛好蓋過的狀態。以大火加熱並在煮開後轉成中火，以魚皮朝上的方式並排放入青花魚。出現雜質時加以撈起。

調味之後熬煮

依序加入砂糖、味醂、醬油、1大茶匙的味噌，蓋上小於鍋具的鍋蓋（參照p.98）熬煮約5分鐘。放入剩下的味噌，在不破壞魚片的狀況下將湯汁均勻攪拌後，關火。

保留絞肉的硬度，成為具有彈性口感的醬汁

肉醬義大利麵

平底鍋 26cm　雙柄鍋具 20cm

1人份	烹飪時間
770kcal	45分鐘

還差1道！菜名導覽

甜味醃漬高麗菜（p.101）
奶油菠菜（p.107）

食材（2人份）

- 義大利麵……200g
- 綜合絞肉（或牛絞肉）……200g
- 事前準備
- 洋蔥……1／2個 → 預先切成碎末
- 紅蘿蔔……1／4根 → 預先削皮之後切成碎末
- 芹菜……1／2根 → 預先去除纖維之後切成碎末
- 大蒜……1瓣 → 預先去除發芽處後切成碎末
- 番茄罐頭（切好的類型）……1.5杯
- 月桂葉……1片
- 橄欖油……1大茶匙
- 紅酒……1／2杯
- 鹽……適量
- 胡椒……少許

實物大小CHECK！

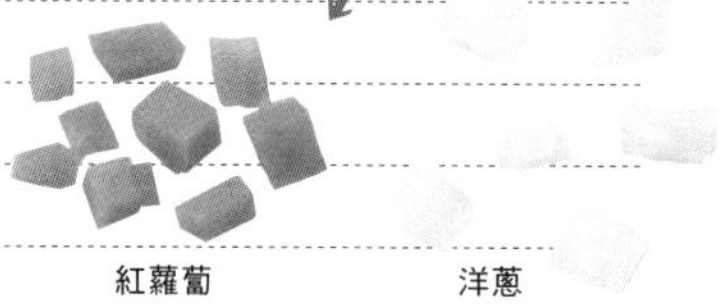

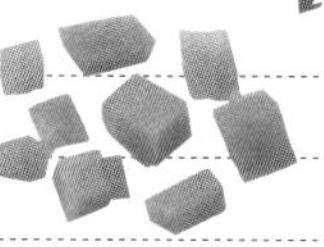

紅蘿蔔　洋蔥

牛尾老師的特別授課

美味度UP↗的秘訣

拌炒蔬菜可以帶出甜味

將蔬菜和肉類分別拌炒之後再放在一起。洋蔥、紅蘿蔔、芹菜等具有香氣的蔬菜要慢慢拌炒以去除多餘的水分、帶出甜味，放入肉類時，就能完成具有濃濃香氣的醬汁。沒有芹菜的話省略也OK！

【 小火 】→【 中火 】　【 大火 】

拌炒醬汁的材料

在平底鍋放入2小茶匙的橄欖油、大蒜，以小火加熱，等到出現香氣之後轉成中火並加入洋蔥，拌炒至熟透為止。接著加入紅蘿蔔、芹菜拌炒約10分鐘後取出。

在平底鍋補上1小茶匙的橄欖油，大火加熱後放入絞肉。一開始不要將其搗碎，熱到半熟之後再一邊搗碎、一邊拌炒全部煮熟。

【 較弱中火 】　【 較弱中火 】

加入番茄熬煮

加入紅酒，待煮開之後就將預先取出的❶的蔬菜、番茄罐頭、月桂葉，以較弱的中火來熬煮。熬煮約20分鐘之後，灑上1／2小茶匙的鹽巴、胡椒來調整口味。

【 大火 】→【 中火 】

燙煮義大利麵就大功告成

鍋具放入2L的熱水以大火加熱沸騰，接著放入4小茶匙的鹽巴（份量外・大致份量為熱水1L配2小茶匙）。為了不讓義大利麵黏在一起，放入鍋中時要整個攤開，用夾子使其迅速沉入水中，並以中火依照包裝上標示的時間加以燙煮，煮好之後放入濾網以瀝乾水分。

將義大利麵盛入餐具、淋上醬汁。依照喜好灑上起司粉。

一煮好就搗碎，享受鬆鬆軟軟的口感

馬鈴薯沙拉

單柄鍋具 16cm | 1人份 215kcal | 烹飪時間 50分鐘

還差1道！菜名導覽

香煎蘆筍肉捲（p.67）

培根生菜番茄三明治（p.135）

食材（2人份）

事先準備

- 馬鈴薯（男爵品種）……小的2個（200g）
- 小黃瓜……1／2根 ➔ 預先切成小口
- 洋蔥……1／4個 ➔ 對半切開之後再切成薄片
- 鹽……適量
- 美乃滋……3大茶匙
- 胡椒……適量

實物大小CHECK！

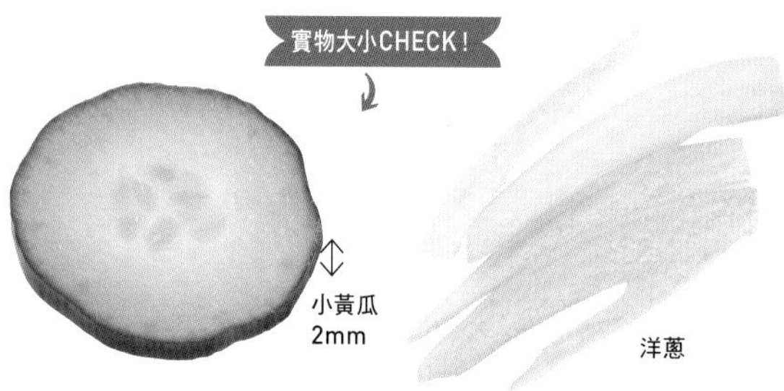

初學者小姐的SOS

光是燙熟馬鈴薯就要
花上30分鐘太麻煩了

牛尾老師's Advice

使用微波爐也OK

用水燙煮會鬆鬆軟軟的非常美味，但也能用微波爐來代替。將馬鈴薯以帶皮的狀態對半切開，將稍微沾濕的餐巾紙鋪在耐熱器皿上，將馬鈴薯切口朝下排列於器皿上，包上保鮮膜放入微波爐。以600W加熱100g的所需時間約為3分鐘左右。

燙煮馬鈴薯

以帶皮的狀態直接水煮。將馬鈴薯和大量的水、1.5小茶匙的鹽巴（份量外）放入鍋中，以大火加熱。等到沸騰之後，關成小火並繼續水煮約30分鐘，直到竹籤能夠順利穿透就可以了。

在水煮時，可於小黃瓜灑上兩小撮的鹽巴輕輕攪拌、靜置5分鐘排出水分之後壓乾。洋蔥沖水2分鐘左右壓乾。

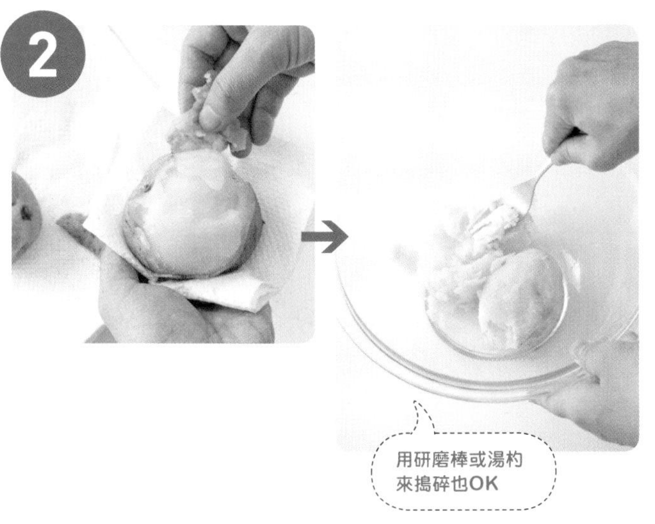

將皮撥開之後搗碎

準備一碗冰水。將馬鈴薯趁熱放於餐巾紙上，一邊用冰水冷卻、一邊剝皮。放入大碗之後用叉子的背部將其搗碎，接著灑上1／4小茶匙的鹽巴和少許胡椒後攪拌均勻。

冷卻之後就會變得很難搗碎，
即使很燙也要努力將皮剝除喔

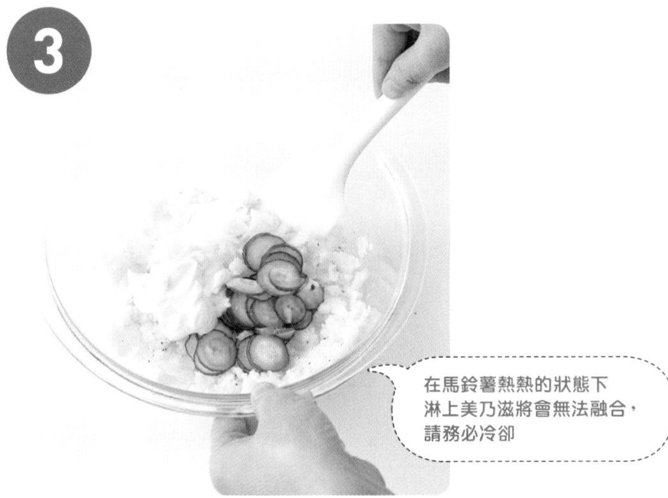

添加其他食材、調味

待馬鈴薯冷卻至可以觸摸的溫度後，加入小黃瓜、洋蔥、美乃滋、少許胡椒，將其攪拌均勻。

不需事先汆燙白蘿蔔更省時省事！

鰤魚蘿蔔

雙柄鍋具 20cm

1人份	烹飪時間
503kcal	50分鐘

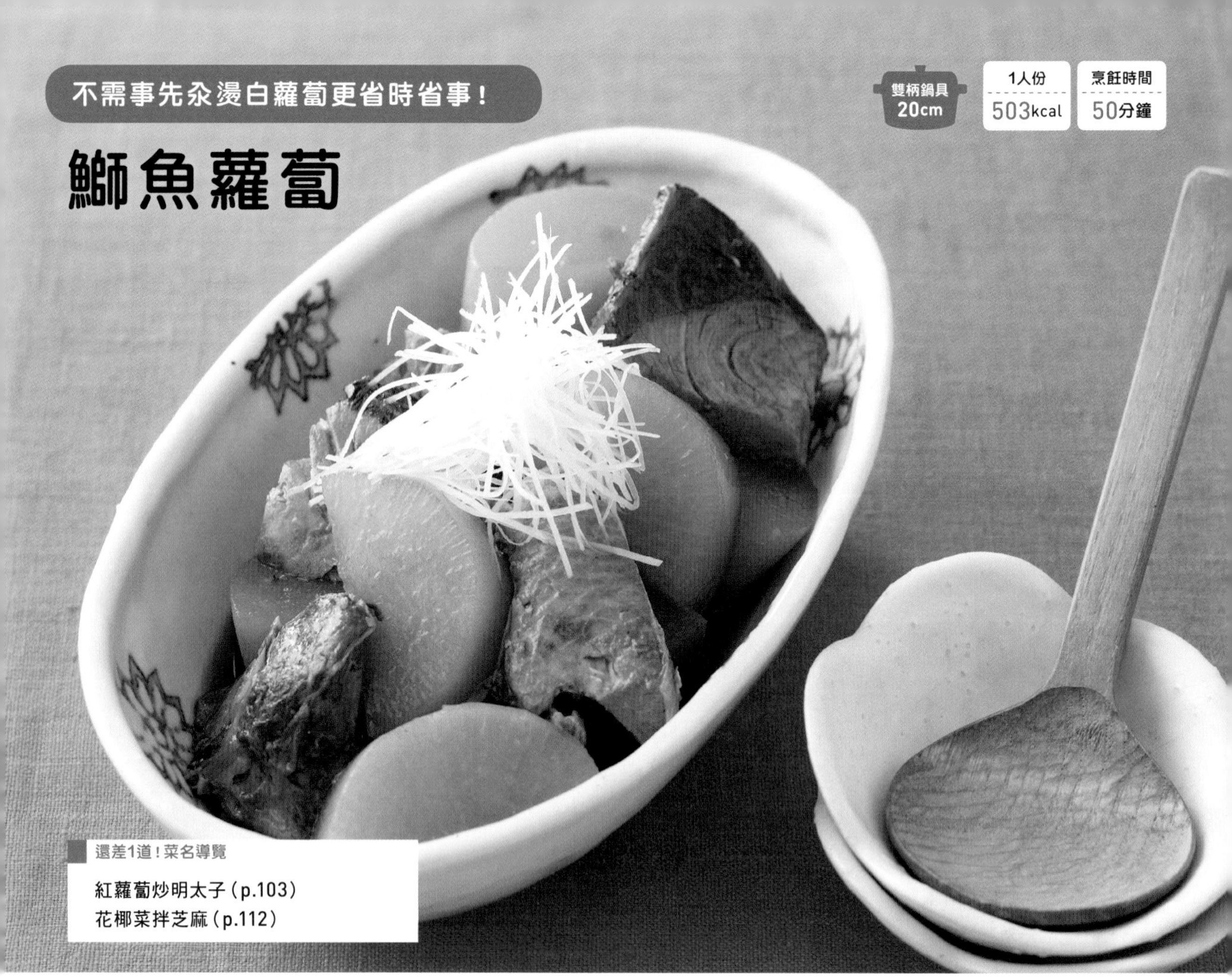

還差1道！菜名導覽

紅蘿蔔炒明太子（p.103）
花椰菜拌芝麻（p.112）

食材（2人份）

事前準備

- 鰤魚（含魚骨）……300g → 切成6～7cm大小
- 白蘿蔔……1／2根 → 將厚皮削除，切成2.5cm厚度的半月形切片
- 生薑……2瓣 → 一半是帶皮的狀態下切成薄片、一半是削皮之後切成細絲
- 鹽……1／2小茶匙
- 酒……1／2杯
- 砂糖……2大茶匙
- 醬油……3大茶匙

實物大小CHECK！

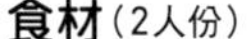

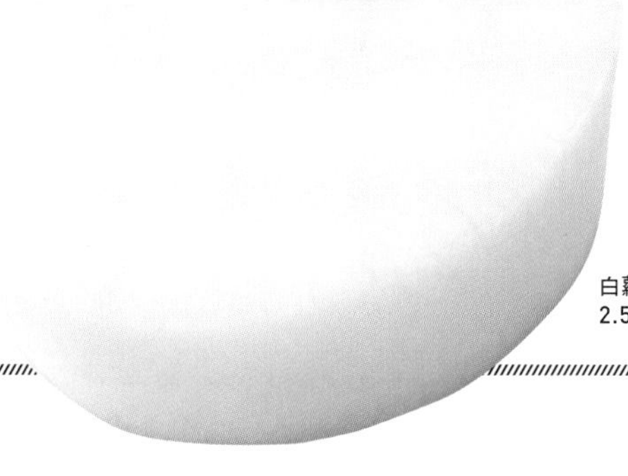

白蘿蔔
2.5cm

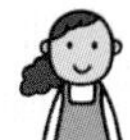

牛尾老師的特別授課

美味度UP↗的秘訣

去除腥味之後再來熬煮

鰤魚和白蘿蔔都具有食材原有的獨特味道，在調味之前，先用加入酒和生薑的熱水熬煮即可抑制。熬煮的過程中如果持續出現雜質的話，就表示還殘留腥味，要熬煮至沒有雜質為止喔。

去除鰤魚的腥味

將鰤魚放入大碗內，灑上鹽巴後靜置10分鐘。以畫圓方式淋上熱水，待表面變白之後就將湯汁倒掉。在大碗內倒入清水、將鰤魚徹底洗淨，待黏液和血水硬塊去除後，將水分瀝乾。

以水+酒+生薑熬煮

在鍋內鋪上白蘿蔔和鰤魚、灑上切成薄片的生薑，接著將酒倒入，並加水加至蓋過食材（大約3杯左右）為止，以大火加熱。產生雜質之後，要小心的去除，等到不再出現雜質，蓋上小於鍋具的鍋蓋（參考p.98），以中火熬煮約15分鐘。

調味之後熬煮

將白蘿蔔加熱之後，均勻灑上砂糖，並輕輕地搖晃鍋具。接著再度蓋上小於鍋具的鍋蓋以中火熬煮約5分鐘。以畫圓方式淋上醬油、輕輕搖晃鍋具，再度蓋上小於鍋具的鍋蓋，以中火熬煮約5分鐘。

盛放於餐盤、放上切成細絲的生薑。

不時的搖晃鍋具，才能將湯汁均勻的散佈到所有食材裡

用油確實的拌炒，就會容易入味

1人份	烹飪時間
84kcal	40分鐘

羊栖菜燉菜

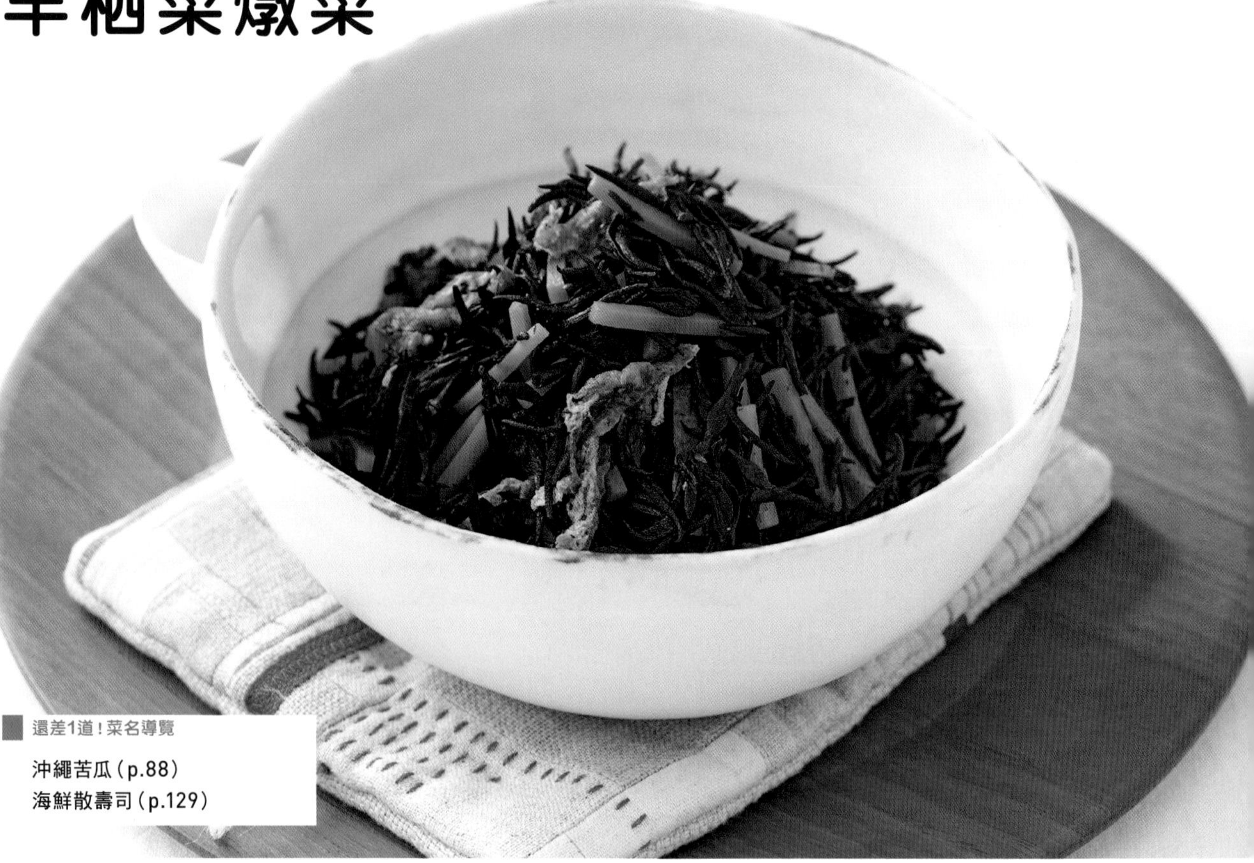

還差1道！菜名導覽

沖繩苦瓜（p.88）
海鮮散壽司（p.129）

食材（容易烹飪的份量・約4人份）

事前準備

- 羊栖菜芽（或長羊栖菜）……20g
- 油豆腐……1塊 ➔ 去除油脂（參考對照表p.4）、切成3cm長度的細絲
- 紅蘿蔔……1／4條 ➔ 將皮削除之後切成3cm長度的細絲
- 麻油……1小茶匙
- 高湯……1.5杯
- 砂糖……1／2大茶匙
- 味醂、醬油……各2大茶匙

實物大小CHECK！

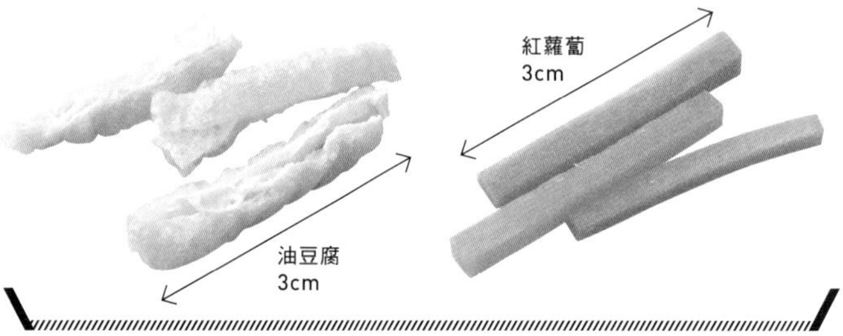

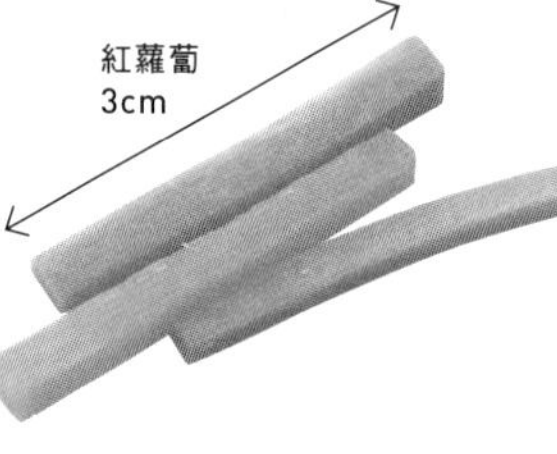

初學者小姐的SOS

吃不完的時候應該如何處理較好？

牛尾老師's Advice

分成小包裝冷凍保存

這道是常備菜餚又是較重的口味，在冰箱冷藏可放置3～4日，亦可以搭配日式煎蛋（p.52）或拌在白飯裡食用，即便如此還是吃不完的話，可依1次食用分量分成小袋的冷凍保存。做成便當也非常方便。食用的時候可用微波爐來加熱。

將羊栖菜泡水

將羊栖菜放入大碗，注入清水稍微清洗之後將水倒掉，接著再次注入清水，靜置約15分鐘使其變軟後即可將水倒掉，然後再倒入清水清洗，放上濾網將水分徹底瀝乾。

【 大火 】

依序加以拌炒

鍋中倒入麻油以大火加熱，放入紅蘿蔔拌炒，感覺油分都被吸收後就放入羊栖菜。油分再度被吸收之後加入油豆腐，拌炒約3分鐘讓水分揮發。

調味之後熬煮

加入高湯，沸騰之後添加砂糖、味醂、醬油並加以攪拌。蓋上小於鍋具的鍋蓋（參考p.98），轉成較弱的中火，熬煮約10分鐘直至湯汁變少為止。

以大火迅速的拌炒，呈現軟嫩的口感

回鍋肉

1人份 322kcal　烹飪時間 20分鐘

還差1道！菜名導覽

鋁箔紙包烤紅蘿蔔（p.103）
梅干香菇（p.119）

食材（2人份）

事前準備

- 豬肉薄切片……160g → 切成4cm寬度
- 高麗菜……200g → 切成4cm大小
- 青椒……2個 → 去除種籽，隨意切成一口左右的大小
- 蔥……1／3根 → 切成4cm左右的長度後，以縱向對半切開
- 大蒜……1瓣 → 去除發芽部位之後以縱向切成薄片
- 豆瓣醬……1小茶匙
- 味噌、砂糖、醬油……各1小茶匙
- 酒、麻油……各1大茶匙

實物大小CHECK！

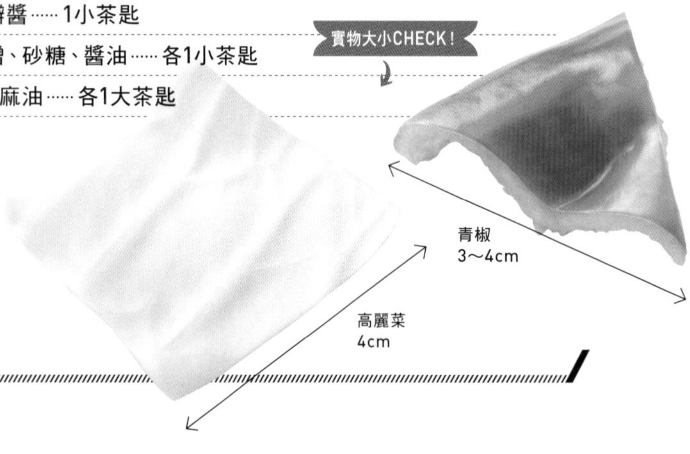

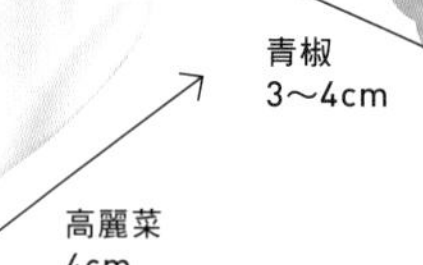

青椒 3～4cm

高麗菜 4cm

初學者小姐的SOS

炒好的蔬菜
變得水水的

牛尾老師's Advice

有很多原因都有可能造成

這是熱炒蔬菜時，常會產生的問題吧。通常不會只有1個原因，可能是清洗時沒有將殘留蔬菜上的水分徹底瀝除、將蔬菜切片切得太小、拌炒的時間太長等等……。以上種種都是會形成出水的原因，一定要特別注意。

【小火】→【中火】

香煎豬肉

在較小的容器放入味噌，並依序加入砂糖、酒、醬油混和，準備搭配用的調味料。

平底鍋加入麻油、大蒜、豆瓣醬以小火加熱，出現香氣之後就加入蔥來拌炒。等到蔥都熟透之後集中至平底鍋的一角，在其餘的空位將豬肉攤開放入，以中火來煎。

【大火】　【大火】

拌炒蔬菜

等豬肉熟透之後就迅速的拌炒，接著轉成大火，加入高麗菜、青椒繼續炒約1分鐘。過程中要稍微的將平底鍋抬起並加以搖動，就能讓蔬菜在短時間之內均勻的沾上油脂，加速過程。

抬起搖晃鍋具的目的，是為了不讓同一個部位的食材炒得過熱。用筷子不斷攪拌的話，會容易讓蔬菜產生水分，但如果抬起搖晃太過困難的話，使用鍋鏟從底部大範圍的翻炒也沒有問題。

【大火】　【大火】

進行調味

待整體都吸收油脂並熟透之後，以畫圓方式淋上❶的調味料，一邊抬起搖晃的快速拌炒約1分鐘。

過度拌炒的話將會失去酥酥脆脆的口感。用餘溫也能加熱，在覺得差不多快好了吧……的時候就要停止！

雙柄鍋具 20cm | 1人份 85kcal | 烹飪時間 40分鐘

普羅旺斯燉菜

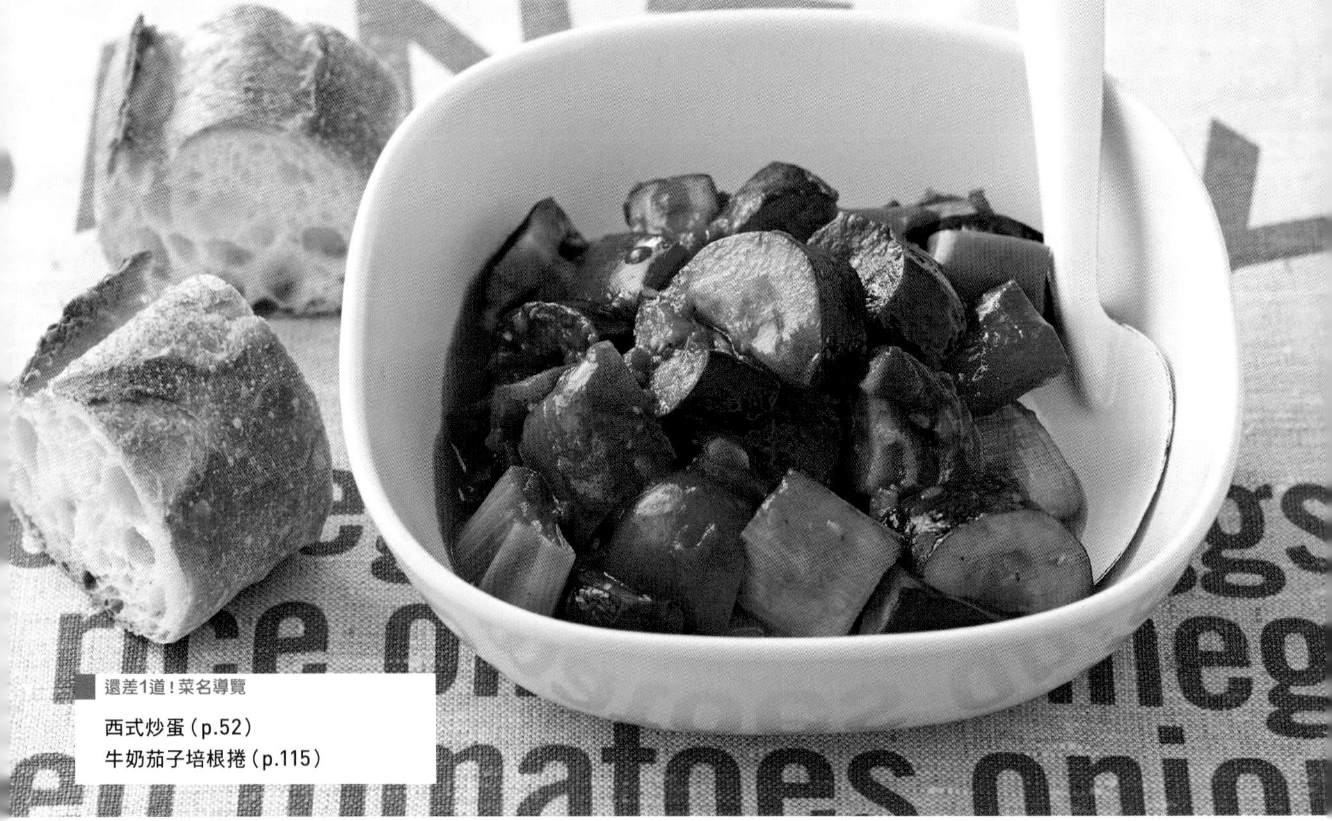

還差1道！菜名導覽

西式炒蛋（p.52）
牛奶茄子培根捲（p.115）

食材（容易烹飪的份量・約4人份）

茄子……3根
櫛瓜……1根
蔥……1根
香菇……6個
甜椒（紅）……1顆
青椒……2顆

大蒜……1瓣 ➔ 去除發芽部位之後切成碎末
番茄罐頭（切好的類型）……1罐（400g）
月桂葉……1片
橄欖油……4大茶匙
鹽……1／2小茶匙
胡椒……少許

實物大小CHECK！

大蒜

初學者小姐的SOS

添加其他的蔬菜也沒有關係嗎？

牛尾老師's Advice

比較推薦的是南瓜和香菇類

雖然葉菜類是不太適合，但使用洋蔥來取代青蔥，或添加南瓜、紅蘿蔔、香菇類的食材都沒有問題。切菜時將食材的大小統一，煮好的蔬菜就會均勻入味並呈現美味口感。

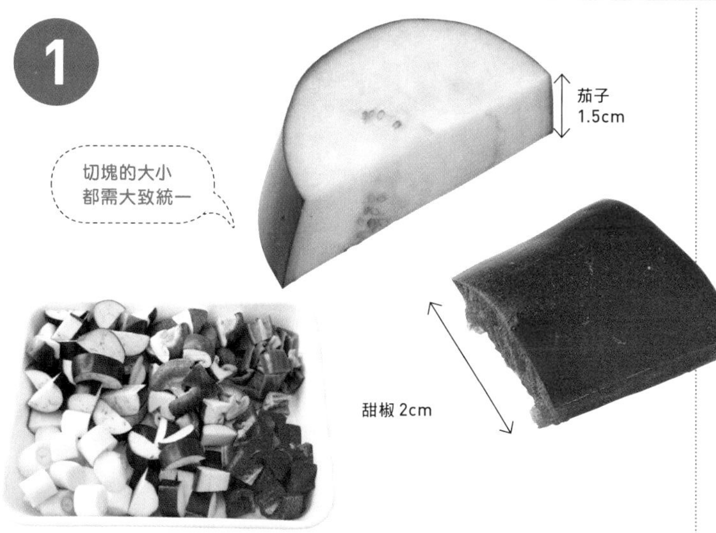

切菜

將茄子的蒂頭去除，切成1.5cm大小的半圓形切片，櫛瓜亦以相同方式切好。青蔥是切成2cm長度、香菇是去除蕈柄之後縱向切成4半。甜椒和青椒是去除種籽之後切成2cm丁狀。

【 小火 】→【 中火 】

【 中火→較弱中火 】

拌炒之後熬煮

鍋內放入橄欖油和大蒜之後以小火加熱，等待出現大蒜的香味之後，放入蔥段。接著以中火拌炒約3分鐘，放入茄子、櫛瓜、香菇、甜椒拌炒混合，等所有蔬菜都吸收油脂之後，加入番茄罐頭和月桂。蓋上鍋蓋，以較弱的中火熬煮約15分鐘。

【 大火 】

【 大火 】

大功告成

加入青椒並轉成大火，熬煮約2分鐘以揮發水分，加入鹽巴、胡椒來調味。

放置冰箱冷藏約可保存3～4天，夏天是冷藏之後品嚐也很美味喔。亦可作為義大利麵的醬汁

基礎5道的秘訣全部學起來！

徹底學會雞蛋料理

營養滿點的雞蛋，不但可以作為早餐，亦可當作主菜，或當份量不足時的配菜使用。從雞蛋的攪拌方式、火候控制、煮熟的方法等等，依照不同的料理來掌握相關技巧吧。

放在熱水裡面水煮，呈現自己想要的硬度！

水煮蛋

1人份	烹飪時間
76kcal	15~20分鐘

食材（2人份）

蛋……2顆 → 放置室溫回溫

較熟的水煮＝
水煮時間11分

半熟＝
水煮時間7分

加入清水，水煎的料理顯得蓬鬆柔軟

荷包蛋

1人份	烹飪時間
112kcal	5分鐘

加入2大茶匙的清水
來煎約2分鐘的話，
蛋黃中間就像這樣

食材（1人份）

蛋……1顆

沙拉油……1小茶匙

鹽……少許

〈 荷包蛋 〉

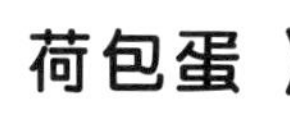

1

打蛋

將雞蛋輕敲流理台等平坦的地方使其產生裂痕，以拇指插入裂痕部位打開蛋殼倒入大碗內。

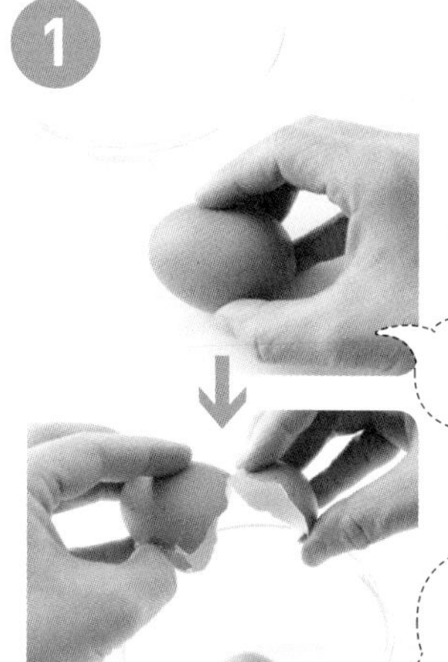

輕敲大碗的邊緣是NG！容易讓蛋殼跑到內側裡

與其直接打到平底鍋裡，不如先打入較小的容器裡，就算混入蛋殼也會容易取出

2

煎蛋

【 中火 】

平底鍋內倒入少許沙拉油以中火加熱，等待15秒左右熱鍋完成後，就將雞蛋慢慢倒入。加入1大茶匙的清水之後蓋上鍋蓋，以小火水煎約2分鐘左右，打開鍋蓋以大火揮發水分。

【 小火 】

盛於餐具、灑上鹽巴。

〈 想要做成半熟的話 〉
只加入1大茶匙的清水，水煎**1分30秒**

〈 想要完全煮熟的話 〉
添加3大茶匙的清水，水煎約**3分鐘左右**

想要蛋黃液狀口感的話

【 中火 】→【 小火 】

以中火熱鍋之後倒入蛋液，不蓋鍋蓋以小火煎約3～4分鐘，慢慢的煎熟。如此蛋黃就不會變白，呈現液狀半熟口感。

〈 水煮蛋 〉

1

水煮

沒有緩緩的放入的話容易讓蛋殼產生裂痕，要特別注意

【 大火 】

【 中火 】

放入大約蓋過雞蛋高度的冷水以大火加熱，水滾後將雞蛋放在湯杓裡慢慢放入鍋中。轉成中火，在最初的1～2分鐘以長柄筷翻動雞蛋，就能將蛋黃固定在中間部位。7分鐘（半熟）～11分鐘（較硬口感），可依照喜愛的硬度來水煮。

2

冷卻

立刻放入冷水中使其冷卻。放入水中的話，可以防止餘溫讓內部熟透。

煮得太熟的話，蛋黃和蛋白的邊界就會開始發黑

3

剝開蛋殼

敲出較多的裂痕的話會比較容易剝開

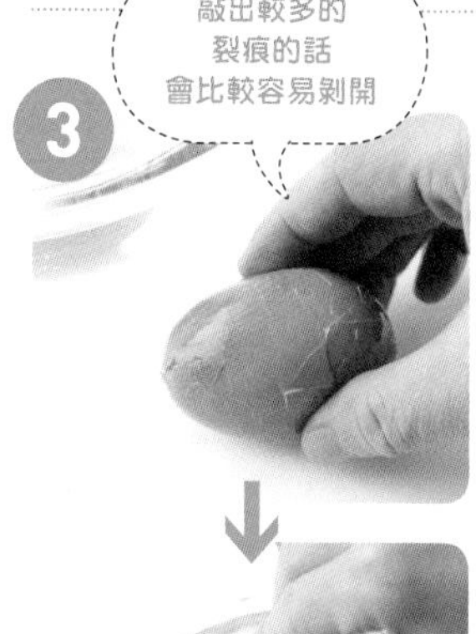

冷卻至可以用手觸摸的溫度之後，用蛋殼輕敲流理台，或雞蛋之間互敲等等，將雞蛋敲出較多的裂痕後，輕輕將殼剝除。

〔 MEMO 〕

從冷水開始煮的話，依照水的份量會讓沸騰的時間也跟著改變，而讓水煮的時間容易出現誤差。在水滾之後才開始水煮就能讓時間固定，比較不會失敗喔。

用圓形的平底鍋也能煎出完美的形狀喔！

日式煎蛋

1人份	烹飪時間
144kcal	10分鐘

食材（2人份）

- 蛋……3顆
- 砂糖、醬油……各2小茶匙
- 鹽……少許
- 沙拉油……適量
- 白蘿蔔泥、醬油……各適量

【MEMO】

如果有淡味醬油，可以讓色澤更為鮮美（使用此種醬油，不需加入鹽巴）。如果對甜度、辣度有不同喜好，請自行斟酌調味至習慣的味道。如果再加入高湯（約80ml），亦可作成日式蛋捲。

像是畫圓圈方式，慢慢且細心地加以攪拌

西式炒蛋

1人份	烹飪時間
155kcal	5分鐘

食材（2人份）

- 蛋……3顆
- 鹽……兩小撮
- 胡椒……少許
- 奶油……10g
- 蔬菜嫩葉、迷你番茄……各適量

【MEMO】

如果有鮮奶油，可添加1／2杯，就能形成口感更為滑嫩的西式炒蛋。此外，添加起司粉或披薩用起司，也會非常美味喔。

〈 日式煎蛋 〉

1

攪拌蛋液

打蛋之後予以攪拌（和西式炒蛋的方法相同）。加入砂糖、鹽巴、胡椒繼續攪拌。

2

【中火】

煎蛋

用餐巾紙在平底鍋塗上一層薄薄的沙拉油，以中火加熱，用長柄筷前端沾取蛋液碰觸鍋子以確認溫度。

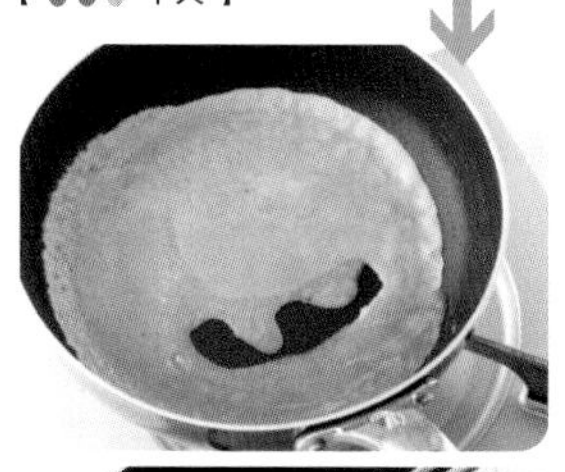

倒入1／4份量的蛋液，並傾斜平底鍋使其均勻佈滿。滋滋作響又開始蓬起的部位就用長柄筷的前端來戳破，在表面尚未完全乾透之前，朝內側向自己的方向摺起。

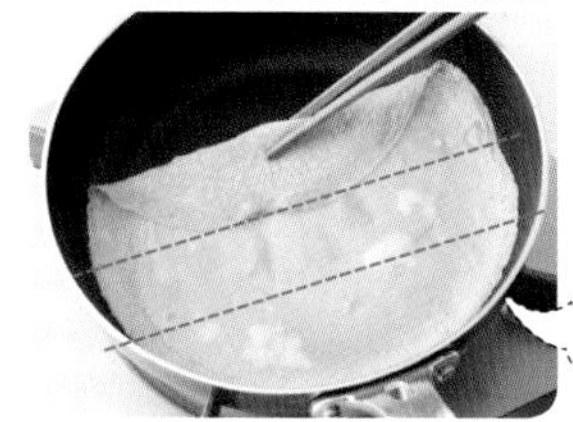

【中火】

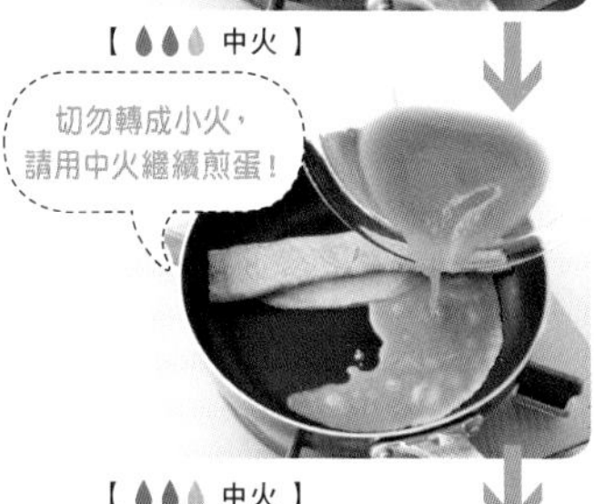

【中火】

將捲好的蛋捲向後移動，在剩下的空間塗抹上沙拉油（同時也要將蛋捲稍微抬起在底下塗抹上沙拉油）。再倒入1／4份量蛋液向前捲起，並重複相同步驟順序。

【中火】

等全部份量都煎好之後即可取出，將捲起的最尾端朝下放置即可定型。盛放於方便食用的餐盤，放上蘿蔔泥、淋上醬油（份量適中）。

〈 西式炒蛋 〉

1

攪拌蛋液

將蛋一顆顆打入較小的容器之後，再一併倒入大碗內。用筷子將蛋白切斷的感覺加以不停攪拌。添加鹽巴、胡椒之後繼續攪拌。

2

【中火】

煎蛋

將奶油放入平底鍋以中火加熱，融化後倒入蛋液。等到底部開始凝固之後，用刮勺慢慢地以畫大圓的方式加以攪拌。重複此動作5～6次、呈現半熟狀之後即可關火。盛入餐盤、放上蔬菜嫩葉和迷你蕃茄。

【中火】

【中火】

倒入熱水調成小火加熱約 10 分鐘，是黃金守則！

平底鍋 26cm

1人份	烹飪時間
92kcal	25 分鐘

茶碗蒸

食材（2人份）

蛋……1顆

雞胸肉（一口大小）……2小塊

魚板……2小塊

銀杏……4粒

鴨兒芹……少許 ➔ 切成1～2cm的長度

高湯…… 1／2杯

A 淡味醬油（或是一般醬油）……1／2小茶匙
※使用一般醬油的話，要添加1小撮鹽巴

味醂…… 1小茶匙

（MEMO）

茶碗蒸的基本內餡是雞胸肉、蝦子、香菇等等。或使用家中既有的食材，加上蛋液蒸熟後就會非常美味。即便沒有內餡也OK。

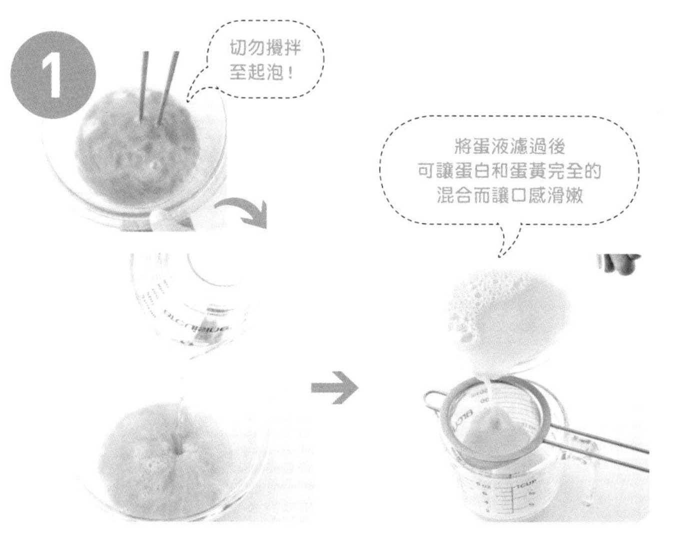

製作蛋液

將雞蛋打入大碗，用筷子以切斷蛋白的方式來攪拌，攪拌時注意不要打出泡沫。加入高湯、A加以攪拌，最後以茶葉濾網過濾。

書中使用的是以白色陶瓷烤碗作為模具，但使用小碗或杯子也沒有問題！不過，要選用能讓平底鍋鍋蓋蓋起的高度喔。

將蛋液倒入模具

準備2個高度為能讓平底鍋鍋蓋蓋起的耐熱容器。分別將雞肉、魚板、銀杏放入，並平均倒入蛋液。

配合容器的大小將鋁箔紙蓋於其上。

清蒸

將❷排列於平底鍋內，注入約容器1／3高度的熱水。蓋上鍋蓋以小火加熱10分鐘，接著關火並靜置10分鐘。試著用竹籤穿透看看，如果出現透明汁液就表示已經熟透。如果還是混濁的汁液，就還需要稍微加熱。完成之後再擺上鴨兒芹。

火開太強的話會〝出現孔洞〞會讓蒸蛋變成粗糙的口感。一直都用小火就是最大關鍵喔。

和風醬汁・熬煮中最不可或缺的 高湯淬取方式

可以使用市售的高湯為基底來進行烹調，如果有多餘時間，
一定要試著自行熬煮看看，料理的美味度也會跟著上升喔。

第一道高湯，推薦使用在具高雅風味的熬煮料理和茶碗蒸上。而之後在和風的醬汁與燉煮時，也都能使用。

用昆布和柴魚片 淬取高湯（第一道高湯）

食材（約2杯份）

柴魚……5 × 10cm（約5g）

柴魚片……1小撮（約5～8g）

水……2.5杯

昆布用量，約為水的重量的1%。
水是2.5杯（500g）的話，
500 × 0.01＝5g就是昆布重量。
柴魚片也大約是1%的份量

1 

將餐巾紙沾濕後徹底擰乾，擦拭昆布的表面，去除髒污。

2 

將昆布放入鍋內、注入清水，直至變軟為止，靜置約30分鐘左右恢復原本狀態。

3 

【中火】

以中火，加熱約5分鐘左右，快要沸騰之際（從鍋子底部不斷冒出小小的泡泡時），將昆布取出。

不要使其沸騰。如沸騰的話，會使昆布從中釋出黏液，導致口味改變

4 

【中火】

關火，放入柴魚片。以中火煮至完全沸騰、等柴魚片都浮上表面時立刻關火。

5 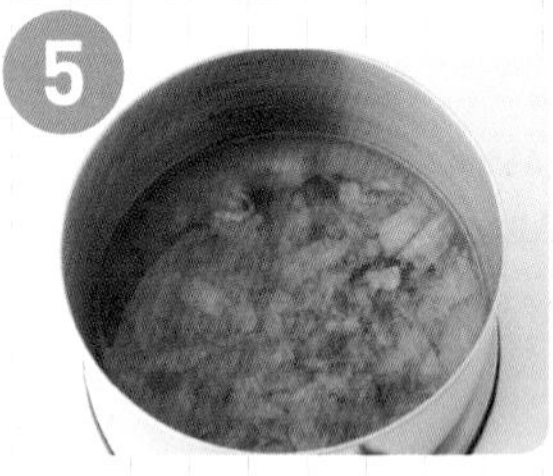

靜置等候，至柴魚片自然的沉下去為止。

6 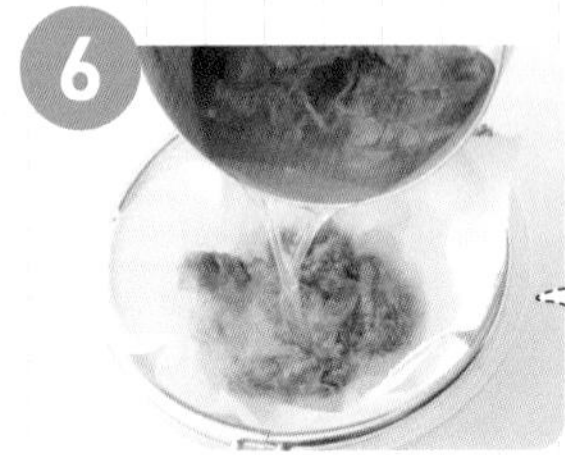

在大碗上放上濾網、鋪上餐巾紙，將高湯倒入碗內。

不可擠壓、
擰乾柴魚片。
會導致出現苦澀之味道。

使用用過的昆布和柴魚片 淬取高湯（第二道高湯）

【大火】→【小火】

在用來淬取第一道高湯的昆布和柴魚片中加入2.5杯清水，以大火加熱，煮熟之後轉成小火熬煮10分鐘。和第一道高湯以相同方式過濾。

第二道高湯適用於
味噌湯、炊飯、
燉煮青菜等料理。

Part 2

肉類・魚類・豆腐&大豆類製品的基本主食菜餚

「今天要來做些什麼好呢？」首先就從主菜方面開始思考吧！冰箱裡有雞肉和紅蘿蔔、及超級市場的豆腐，價格很划算，因為在平常生活中，經常會以食材來決定菜餚，這個章節就以食材種類區分介紹。

薑燒豬肉

平底鍋 26cm

1人份	烹飪時間
368kcal	15分鐘

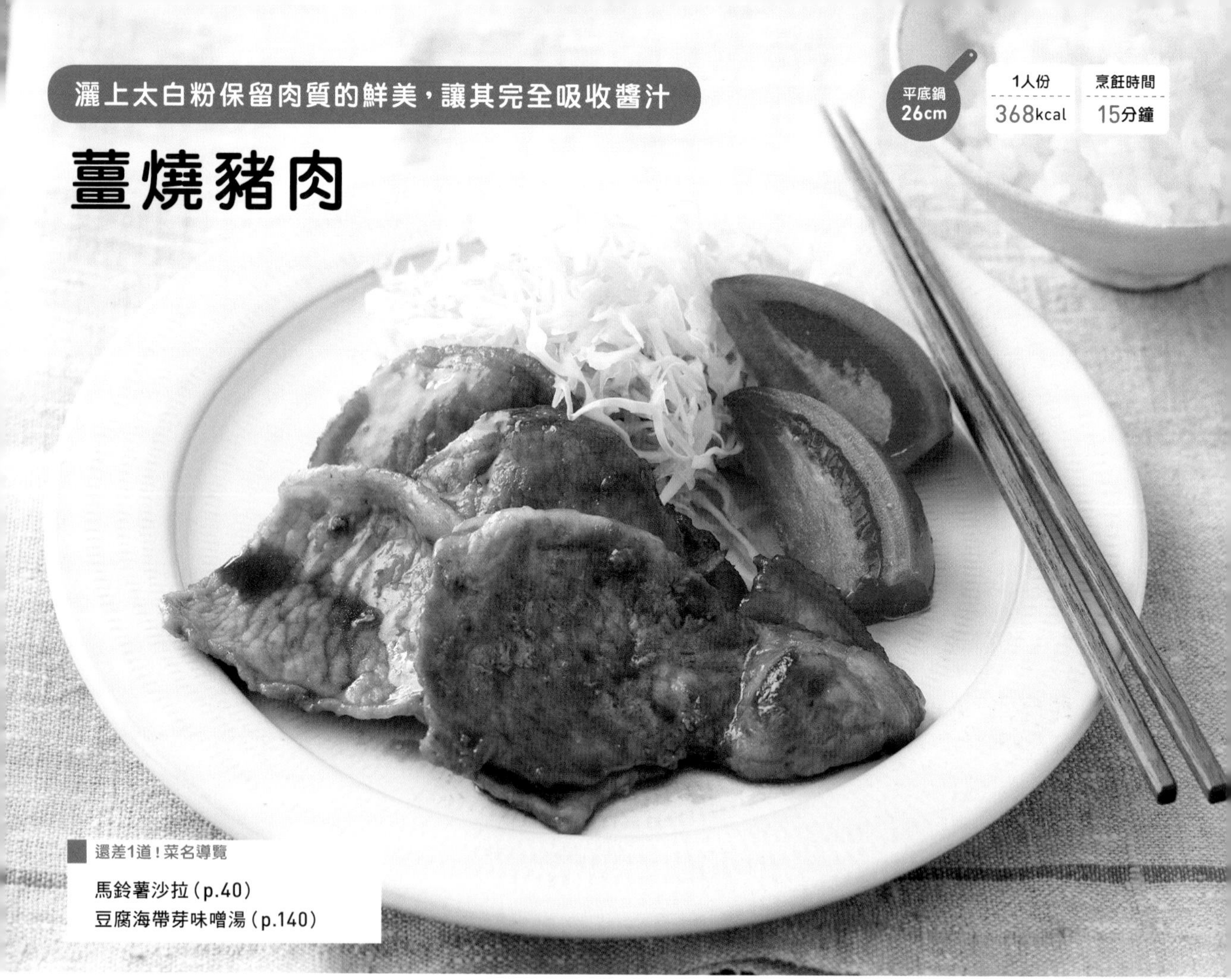

還差1道！菜名導覽

馬鈴薯沙拉（p.40）
豆腐海帶芽味噌湯（p.140）

食材（2人份）

- 薄切里脊豬肉片（薑燒用）……8片（200g）→ 事前準備 先將肉筋切斷
- 生薑……20g → 帶著皮的狀態下磨成泥狀、擰出汁液
- 鹽、胡椒……各少許
- 太白粉……1小茶匙
- Ⓐ［預先攪拌好］
  - 醬油……2大茶匙
  - 酒、味醂……各1大茶匙
  - 砂糖……2小茶匙
- 沙拉油……2小茶匙
- 切成細絲的高麗菜、切成瓣狀的番茄……各適量

生薑的 事前準備的訣竅

生薑的皮含有大量香氣，要以帶皮狀態磨成泥狀。

牛尾老師的特別授課

美味度UP↗的秘訣

將肉筋切斷，肉片就不會縮水

直接將豬肉拿來煎的話，會變小又縮成一團、不但不好煎，味道也無法平均分佈。為了防止這個狀況，切斷肉筋變的很重要！肉筋位於〝脂肪和肉交界處〞的位置。如同照片所示，在交界處用菜刀以1.5cm的間隔將其切斷。

事前準備

將豬肉攤平於砧板上，灑上鹽巴、胡椒。以茶葉濾網篩上薄薄的太白粉，翻面後於背面也相同作法。

於A中加入薑汁，製作醬汁。

灑上太白粉，為了在煎肉時能鎖住鮮美，並提升醬汁的風味。這個小小的動作可讓美味度迅速提升喔。

煎肉

在平底鍋倒入油後以大火加熱，放入豬肉，並注意要確實攤開並不要重疊。煎得恰到好處時，翻面繼續，完成後用夾子取出。另外4片亦以相同方式完成。

肉片需1片片的攤開，
不要勉強排入所有肉片，
可分成2次煎熟。

倒入醬汁混合

轉成中火，用餐巾紙擦去多餘的油脂，將取出的肉片放回鍋中。淋上❶的醬汁，將平底鍋前後搖晃幫助醬汁煮熟、並與肉片混合。

在餐盤放上高麗菜和番茄，並將薑燒豬肉盛入盤中。

只要作出完美形狀，麵衣也能漂亮的裹上

單柄鍋具 16cm　平底鍋 20cm　深型平底鍋 24cm

1人份	烹飪時間
673kcal	60分鐘

可樂餅

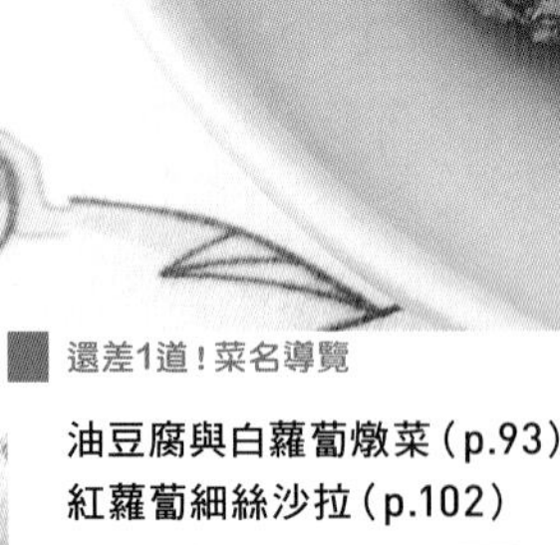

還差1道！菜名導覽

油豆腐與白蘿蔔燉菜（p.93）
紅蘿蔔細絲沙拉（p.102）

食材（2人份）

- 馬鈴薯（男爵品種）……2小顆（250g）事前準備
- 洋蔥……1/4顆 ➔ 預先切成碎末
- 綜合絞肉……80g
- 鹽……1/3小茶匙
- 胡椒……適量
- 沙拉油……1小茶匙
- 奶油……5g
- 牛奶……1大茶匙
- 麵粉……2大茶匙
- 蛋……1顆
- 麵包粉……1杯
- 沙拉油……適量
- 中濃度醬油……適量
- 切成小口狀的萵苣、小黃瓜，切成薄片的甜椒……各適量

實物大小CHECK！

洋蔥

牛尾老師的特別授課
美味度UP↗的秘訣

"男爵"的鬆鬆軟軟口感

最具代表性的馬鈴薯有男爵和五月皇后2種，而適合可樂餅鬆鬆軟軟口感的首推男爵品種。馬鈴薯要連皮一起水煮就能鎖住甜度，也不會變得水水的。此外，連皮一起用保鮮膜包住，用微波爐來加熱也OK（詳細請參考p.40）。

男爵

五月皇后

揉和餡料

將馬鈴薯以帶皮的狀態直接水煮（參考p.40馬鈴薯沙拉）趁著剛煮好的熱度來剝皮和搗碎，灑上1／3小茶匙的鹽巴和少許胡椒。

水煮馬鈴薯的期間，在20cm的平底鍋倒入沙拉油以大火加熱來拌炒絞肉。待絞肉煮熟之後再放入洋蔥繼續拌炒，等完全熟透之後，灑上剩下的鹽巴和胡椒，加入馬鈴薯一起混和，最後放入奶油攪拌、等候冷卻。

捏製成形

將❶放置冷卻到可以用手碰觸的溫度，即可加入牛奶攪拌，分成4等份。如感覺攪拌不順時，可以再添加少量牛奶來調整。

為了不讓可樂餅破碎，要擠出空氣並讓表面維持平整，建議調整成為橢圓形。

裹上麵包粉予以油炸

將蛋敲碎打開，加1大茶匙清水一起攪拌。將小麥粉均勻的灑上❷之後，沾取打好的蛋液、麵包粉，並用手按壓使其確實裹緊。

深型的平底鍋倒入2～3cm深的沙拉油，以中火加熱至中溫（170～180度／測量方式請參考p.18），放入❷。油炸至呈現金黃色澤就翻面，兩面都要炸得酥脆並瀝乾油脂。

餐盤鋪上切好的萵苣、小黃瓜和甜椒，盛上可樂餅、擺放醬油。

只要將食材的大小予以統一，就能夠均勻的入味

雙柄鍋具 20cm | 1人份 473kcal | 烹飪時間 35分鐘

香炒雞肉

還差1道！菜名導覽

甜味醃漬高麗菜（p.101）
蛋花湯（p.147）

食材（2人份）

事前準備

雞腿肉……1片（250g）→切成一口的大小

牛蒡……1／2根 →用水沖洗後，將皮刮除之後隨意切塊

蓮藕……1／2顆 →用水沖洗後，將皮刮除之後隨意切塊

蒟蒻……150g →用水汆燙，用湯匙挖成一口左右的大小

紅蘿蔔……1／2根 →將皮消除之後隨意切塊

香菇……4片 →清除香菇梗、切成4等分

芝麻油……1大茶匙

高湯……2杯

酒……1大茶匙

砂糖……2小茶匙

味醂、醬油
……各2大茶匙

實物大小check！

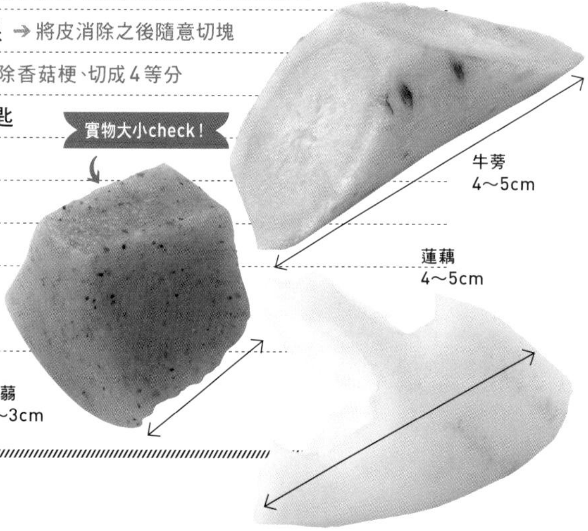

牛蒡 4～5cm

蓮藕 4～5cm

蒟蒻 2～3cm

初學者小姐的SOS

不同蔬菜煮出來的
軟硬度也不同

牛尾老師's Advice

將蔬菜的大小統一。
加熱拌炒的順序也非常重要。

可能是食材的大小沒有統一。因為是隨意切塊，覺得隨便切切就好是不行的。想要讓食材均勻的加熱，在切菜的時候將大小予以統一是非常重要的。此外，也需要遵守放置蔬菜加熱的順序。本食譜針對食物加熱的時間也經過精密的計算，一定要依照食譜標示的順序來製作！

拌炒食材

鍋中加入麻油以中火加熱，放入雞肉拌炒。待表層變色之後，將牛蒡、蓮藕的水分瀝乾，加入拌炒。接著放入紅蘿蔔、香菇、蒟蒻，一起加入拌炒。

使用麻油加以翻炒就能出現香濃口感。也具有能將個別食材的甜分鎖在內部的效果！

熬煮

等到整體都吸收了油脂，即可加入高湯。待煮熟之後，先將雜質去除，加入酒、蓋上小於鍋具的鍋蓋（參考p.98），以中火熬煮約5分鐘。

調味之後繼續熬煮

依序加入砂糖、味醂、醬油，接著再度蓋上小於鍋具的鍋蓋，以中火熬煮約5～8分鐘。稍微加強火候，中途必須不時的搖晃鍋子，讓整體都能吸收湯汁，並讓食材煮出甜味而要熬煮至湯汁變少為止。

關鍵在於事先汆燙！去除多餘油脂呈現柔軟口感

紅燒豬肉

平底鍋 26cm ／ 雙柄鍋具 20cm ／ 1人份 507kcal ／ 烹飪時間 170

還差1道！菜名導覽

燉煮高麗菜和油豆腐（p.101）
香煎南瓜（p.111）

食材（容易烹飪的份量・約4人份）

- 豬五花肉塊……600g
- 青蔥的綠色部位……1整根
- 生薑……1塊 → 在帶皮的狀態下對半切開以刀刃壓碎（事前準備）
- A 水……2.5杯
- A 酒……1／4杯
- 砂糖……2大茶匙
- 味醂、醬油……各3大茶匙
- 辣椒醬……適量

〔MEMO〕

用殘留湯汁製作"滷蛋"也非常推薦！

紅燒的「美味湯汁倒掉實在是太可惜了！」，只要將水煮蛋和湯汁一起放入夾鍊袋，就能製作滷蛋。要浸泡3小時～一整晚喔。

初學者小姐的SOS

切好之後才汆燙
會讓肉類縮小！

牛尾老師's Advice

先行水煮之後再切才是正解

整塊肉直接拿去水煮，才能夠鎖住肉質甜味。此外，也別忘了水煮之後會消除油脂而讓肉塊縮小一圈。水煮之後再來依照大小切肉，才能夠固定出煮好之後的大小喔。

煎肉

以大火加熱平底鍋，將豬肉的肥肉部分朝下放入鍋中徹底煎熟，以去除多餘的油脂。肥肉面完全煎好之後，再翻面繼續煎熟。

比起直接汆燙，先將表層煎過一次，可以幫助鎖住肉質的甜美，並能去除多餘的油脂。

水煮

將❶放入鍋中，加入大約蓋過肉塊的清水，以大火加熱。沸騰之後就將鍋蓋稍微錯開的蓋上以防止熱水溢出鍋子，轉成較弱的中火繼續水煮約2小時。期間，如果水不夠，記得要適時補足。

關火之後將豬肉取出，切成2cm～3寬度（趁熱切開也可以、等待稍微冷卻才切開也OK）。水煮的湯汁則倒掉。

熬煮

雙柄湯鍋放入❷、蔥、生薑、A，以大火加熱。沸騰之後，依序加入砂糖、味醂、醬油，以小火熬煮約30分鐘，直至湯汁減少至一半左右為止。

取出蔥和生薑之後盛入餐盤，添加辣椒醬。

想要多汁的滿分美味口感，就將雞肉切得大塊一點！

平底鍋 26cm | 1人份 477kcal | 烹飪時間 35分鐘

番茄燉雞

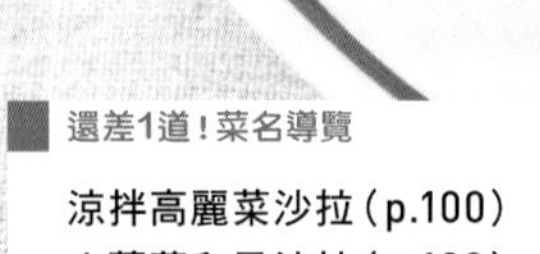
還差1道！菜名導覽

涼拌高麗菜沙拉（p.100）
白蘿蔔和風沙拉（p.122）

食材（2～3人份）

事先準備

- 雞腿肉……2小片（360g） ➔ 每1片都切成3等分
- 洋蔥……1顆 ➔ 預先切成瓣狀（12等分）
- 大蒜……1瓣以上 ➔ 預先以刀腹壓碎
- 黑橄欖（去籽）……8顆 ➔ 瀝乾水分
- 鹽……1／2小茶匙
- 胡椒……適量
- 麵粉……2大茶匙
- 橄欖油……1大茶匙
- 白酒……1／2杯
- Ⓐ 番茄罐頭（切好的類型）……1罐
  - 月桂葉……1片
  - 蜂蜜……1小茶匙

牛尾老師's Advice

最適合用來宴請客人。可依照喜好添加迷迭香、奧勒岡、百里香等香草熬煮也不錯喔。

1 將肉煎好之後取出

雞肉灑上1／4小茶匙的鹽巴、少量的胡椒，裹上麵粉。平底鍋加入橄欖油和大蒜，以小火加熱至香氣出現，接著轉成大火，將雞肉兩面都加以煎熟之後就取出。

2 洋蔥爆香

利用殘留❶的油脂，中火來拌炒洋蔥，等到整個熟透之後就將雞肉放回、添加白酒。

【中火】

3 燉煮

加入A和橄欖，蓋上小於鍋具的鍋蓋，以小火燉煮約20分鐘。添加1／4小茶匙的鹽巴、胡椒來調整口味。盛放至餐具，再用羅勒加以裝飾。

【小火】

將肉片斜向平鋪，即可漂亮的捲起！

平底鍋 26cm | 1人份 261kcal | 烹飪時間 15分鐘

香煎蘆筍肉捲

還差1道！菜名導覽

花枝芋頭燉菜（p.85）
牛蒡美乃滋沙拉（p.117）

食材（2人份）

薄切豬五花肉片…6片

綠色蘆筍 …6根 → 將底部1／3左右的皮削除，以去除葉鞘（事前準備）

鹽…1／3小茶匙

胡椒…少許

沙拉油…1小茶匙

切成瓣狀的檸檬…2瓣

蘆筍 事前準備的訣竅

三角的部分就是葉鞘。從此處切入刀面、向下撕起。

1 製作肉捲

將豬肉攤開、灑上鹽巴、胡椒。斜向平鋪1片肉片，在靠近自己的一端橫向放上蘆筍。讓肉片以稍微重疊的狀態慢慢向前捲起。

2 香煎

【中火】

讓肉片捲起的尾端朝下放入鍋中

平底鍋內淋上薄薄一層沙拉油，以中火加熱，將❶捲好的肉片尾端朝下排列。加熱約5～7分鐘，期間不斷翻面使其確實煎熟。盛放於餐盤並放上檸檬。

麵粉＋蛋→使用麵包粉，2階段裹上麵衣就能輕鬆油炸

1人份	烹飪時間
497kcal	15分鐘

炸豬排

還差1道！菜名導覽

紅蘿蔔炒明太子（p.103）
茄子甘辛煮（p.115）

食材（2人份）

厚切豬里脊肉片（炸豬排用） 事前準備
……2片 ➔ 斷肉筋（參考p.58）、拍打

鹽、胡椒……各少許

A［事先攪拌］

- 麵粉……2大茶匙
- 蛋液……1／2顆份
- 水……1大茶匙

麵包粉……1／2杯

沙拉油……適量

切成細絲的高麗菜、斜切的小黃瓜……各適量

豬肉 事前準備的訣竅

使用桿麵棍或玻璃瓶的瓶底來拍打肉片可以使其變軟。感覺肉片變寬的話，就用手調整回原本的形狀。

1 裹上麵衣

豬肉依序灑上鹽巴、胡椒、A、麵包粉。用手按壓麵包粉使其確實沾上。

本書介紹的是將麵粉和雞蛋混合後裹上的方法。只要2個步驟就能裹上麵衣，超輕鬆！

2 油炸

站立放置可以徹底的瀝乾油脂。

【中火】

平底鍋倒入深約2～3cm的沙拉油，以中火加熱至中溫（170～180度／測量方式請參考p.18），將❶放入。2分鐘左右即可翻面，繼續油炸約3分鐘，待整體呈現黃金色澤後，即可將其立於鋪有餐巾紙的烤盤上，瀝乾油脂。

3

切成方便食用的大小，和高麗菜、小黃瓜一起放置於餐盤。可依照喜好添加醬料、鹽巴、辣椒醬等等。

牛肉使用〝燒烤用肉〞並和青椒切成統一大小

1人份	烹飪時間
314kcal	20分鐘

青椒肉絲

還差1道！菜名導覽

日式煎蛋（p.52）
梅干香菇（p.119）

食材（2人份）

事前準備

- 薄切牛肉片（燒烤用肉）…… 120g → 切成5mm寬度
- 青椒 …… 6顆
- 紅色甜椒 …… 2顆
  → 縱向對半切開並去除種籽，切成5mm寬度
- 鹽、胡椒 …… 各少許
- A 酒 …… 1小茶匙
  - 醬油、麻油 …… 各1／2小茶匙
  - 蒜蓉 …… 1／2小茶匙
  - 太白粉 …… 1小茶匙
- 麻油 …… 2小茶匙
- B［預先攪拌好］
  - 蠔油、酒、醬油 …… 各2小茶匙2
  - 砂糖 …… 1／2小茶匙
  - 胡椒 …… 少許

青椒
紅色甜椒
5mm

食物大小check！

1 拌炒肉絲

牛肉灑上鹽巴、胡椒，並加入A一起輕輕抓捏後，靜置10分鐘。於平底鍋內加入麻油，以大火加熱。放入牛肉，以長柄筷不時翻動拌炒。

【 ♦♦♦ 大火 】

2 混合拌炒

【 ♦♦♦ 大火 】

加入青椒和甜椒一起拌炒，在整鍋加入沙拉油之後，再淋上B快速的攪拌。

調味料是在炒菜前就要預先攪拌好，等候備用！

親手料理的奶油醬，更具有濃郁飄香口感！

單柄鍋具 16cm　雙柄鍋具 20cm

1人份 501kcal　烹飪時間 45分鐘

雞肉佐奶油白醬

還差1道！菜名導覽

南瓜沙拉（p.111）
綠色蔬菜沙拉（p.120）

食材（2～3人份）

事前準備

雞腿肉……1片（250g）→切成一口大小

洋蔥……1／2顆→預先切成瓣狀（6等份）

馬鈴薯……1顆（150g）→切成3～4cm

紅蘿蔔……1／2根→削皮之後隨意切成一口左右的大小

花椰菜……6朵

奶油……20g

麵粉……2大茶匙

牛奶……1.5杯

鹽、胡椒……各適量

沙拉油……2小茶匙

白酒……1／4杯

Ⓐ 水……1杯
月桂葉……1片

實物大小check！

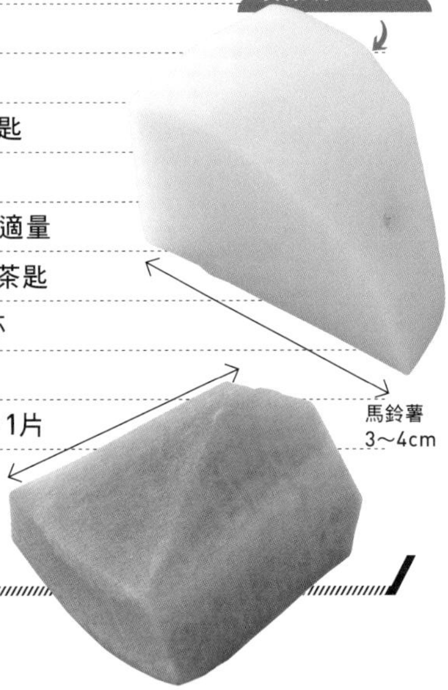

馬鈴薯 3～4cm

紅蘿蔔 3～4cm

1 製作奶油白醬

用16cm的鍋子，以中火溶解奶油，接著放入麵粉，炒至完全融合、沒有粉末感。再一點一點的慢慢加入牛奶，並視狀況適度攪拌，等到全部加完之後，用木鏟邊攪拌邊以小火熬煮約7分鐘，添加1／3小茶匙的鹽巴和少許的胡椒（詳細製作方式請參考p.79）

2 拌炒食材並予以熬煮

【中火】

雞肉灑上少許鹽巴和胡椒。雙柄湯鍋內加入沙拉油以中火加熱，放入雞肉煎至出現金黃色澤，接著加入洋蔥一起拌炒，煮熟後，依序加入紅蘿蔔、馬鈴薯繼續拌炒。加入白酒，等到沸騰之後就加入A，蓋上鍋蓋以中火熬煮10分鐘。

3 添加奶油白醬

【中火】

放入花椰菜繼續熬煮約3分鐘後，加入奶油白醬，灑上鹽巴和胡椒調整口味。

豬肉以刀尖穿透數刀之後，灑上麵粉並煎至酥香

平底鍋 26cm

1人份 351kcal

烹飪時間 30分鐘

香煎豬排

還差1道！菜名導覽

鋁箔紙包烤紅蘿蔔（p.103）
白蘿蔔和風沙拉（p.122）

食材（2人份）

厚切豬里脊肉片（炸豬排用） 事前準備

……2片 ➔ 切斷肉筋（參考p.58），用菜刀的刀尖穿透肉片約7～8處

鹽、胡椒……各少許

麵粉……1大茶匙

沙拉油……2小茶匙

A［預先攪拌好］

白酒……2大茶匙

醬油……2小茶匙

奶油……5g

蔬菜嫩葉……適量

豬肉

事前準備的訣竅

先用刀尖輕輕穿透厚切肉片數刀，提升肉質的軟嫩度。用手抹上鹽巴和胡椒使其融入肉片，更能提升美味喔。

1 煎肉

【中火】

朝上的一面要朝下放入

在豬肉灑上鹽巴、胡椒，靜置於室溫下約15分鐘，出水的話就用餐巾紙加以擦拭，接著灑上麵粉，並擦掉多餘的粉末。於平底鍋倒入沙拉油以中火加熱，放入肉片時要將原本朝上的這面朝下放入。約3分鐘後翻面，反面也繼續煎約3分鐘左右。

2 調味

【中火】

加入A煮至沸騰。等到稍微變得濃稠後關火，將肉片盛於餐盤，蔬菜嫩葉點綴。在平底鍋殘留的醬汁內放入奶油，小火加熱融化後，淋於肉片上。

讓蔬菜吸收油脂甜味並炒到爽脆

泡菜炒豬肉

平底鍋 26cm

1人份	烹飪時間
286kcal	18分鐘

還差1道！菜名導覽

甜煮南瓜（p.110）

牛蒡拌芝麻醋（p.117）

食材（2人份）

事前準備

- 薄切豬五花肉片……100g → 切成3cm寬度
- 洋蔥……1／2顆 → 順著纖維方向切成5mm寬
- 韮菜……1／2株（50g）→ 切成4cm長度
- 綠豆芽……1／2袋（100g）→ 1／2去除根鬚
- 白菜泡菜……100g
- 鹽……少許
- 胡椒……適量
- 麻油……2小茶匙
- 醬油……1小茶匙

實物大小check！

根鬚
就在這裡！

牛尾老師's Advice

去除綠豆芽的根鬚雖然非常費工，但口感卻能因此而迅速提升，所以一起努力吧～！

1 將肉片炒熟之後暫時取出

【大火】

這個樣子
就是金黃色澤

豬肉灑上少許的鹽巴、胡椒，輕輕搓揉。在平底鍋加入1小茶匙的麻油，以大火加熱來炒熟豬肉，待出現金黃色澤之後取出。

2 拌炒食材並加以攪拌

【大火】

平底鍋補上1小茶匙的麻油，以大火加熱來拌炒洋蔥，炒熟後加入韮菜、綠豆芽、加入炒好的豬肉一起快速拌炒，待整體都吸收油脂後加入泡菜繼續拌炒。最後加入少許醬油、胡椒予以調味。

讓雞肉在醬汁中冷卻將更為入味！

棒棒雞

雙柄鍋具 20cm

1人份	烹飪時間
335kcal	25分鐘

※不含雞肉冷卻的時間

還差1道！菜名導覽

牛奶茄子培根捲（p.115）
蛋花湯（p.147）

食材（2人份）

事前準備

- 雞胸肉……1片（200g）
- 小黃瓜……1根 → 預先切成細絲
- 番茄……1顆 → 預先去除蒂頭並切成薄片
- 蔥的綠色部分……1根
- 生薑……1塊 → 在帶皮的狀態下切成薄片
- 鹽……1/4小茶匙
- A 酒……1/2杯
- 水……1/2杯
- B［預先攪拌好］
  - 白芝麻醬……1大茶匙
  - 砂糖、豆瓣醬……各1/4小茶匙
  - 醬油……1/2大茶匙
  - 醋……1/2小茶匙
  - 切成碎末的大蒜、生薑……各1/2瓣份量
  - 切成細絲的蔥白部分……5cm

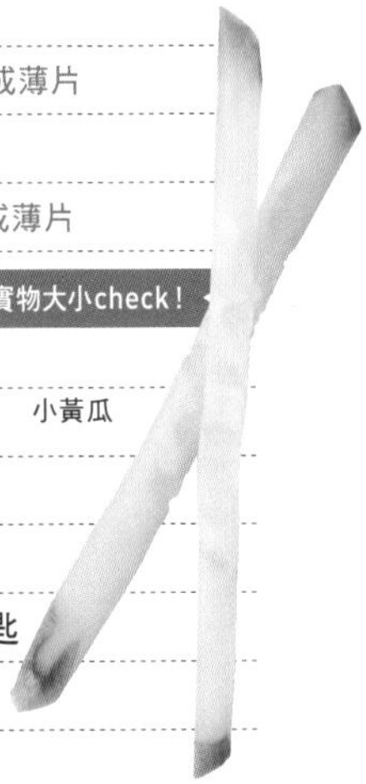

實物大小check！

小黃瓜

1 雞肉以蒸煮方式烹調

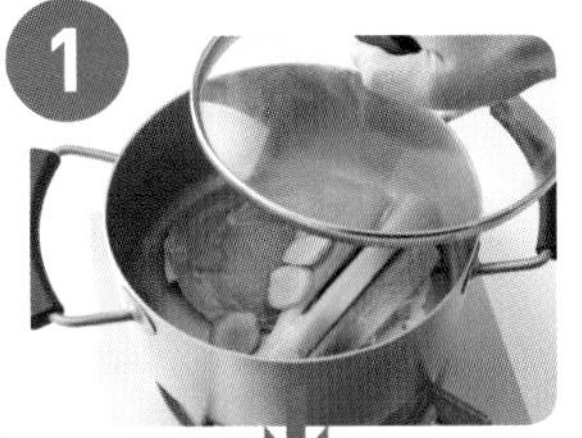

沸騰之後就要翻面

【大火】→【中火】

雞肉灑上鹽巴，靜置室溫約15分鐘。將雞肉、蔥的綠色部位、生薑放入鍋內，淋上A後蓋上鍋蓋，用大火加熱，待沸騰之後翻面，接著蓋上鍋蓋以中火蒸煮約5分鐘後關火，靜置到完全冷卻為止。

2 盛入餐盤

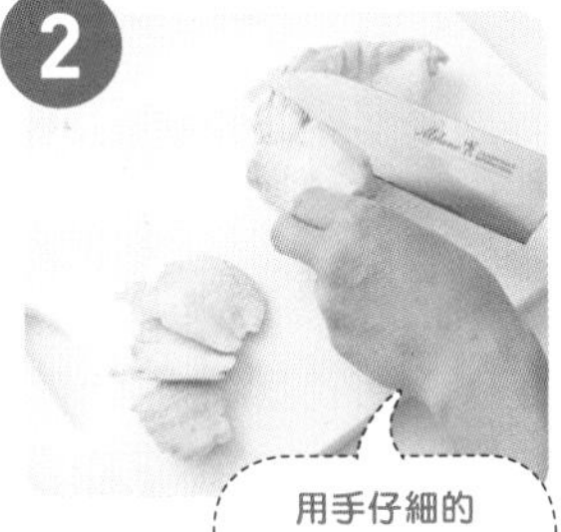

用手仔細的撕開也OK！

將雞肉取出，切成1cm的厚度，和小黃瓜、番茄一起盛放至餐盤。在攪拌好的B內加入3大茶匙的清蒸雞汁一起混合、淋在雞肉上。

將魚頭朝左方放入烤盤，就能烤出完美的造型

1人份	烹飪時間
106kcal	18分鐘

鹽烤竹莢魚

還差1道！菜名導覽

豆腐炒肉（p.92）
花椰菜拌芝麻（p.112）

食材（2人份）

- 竹莢魚（取出魚鰓和內臟的包裝）……2條
- 鹽……適量
- 白蘿蔔泥……2～3cm份（100g）
- 青紫蘇葉……2片
- 酸桔（或檸檬）……適量

〔MEMO〕

沒有烤魚用烤盤的話，使用平底鍋也OK。放入烤盤的時候，要將原本朝上的這面朝下放入烤盤，接著翻面讓背面也烤到酥香，總計以中火烤約莫20分鐘。因為油脂無法向下滴出，烤出油脂的時候就要勤於用餐巾紙擦拭乾淨喔。

初學者小姐的SOS

光是看到魚都會覺得恐怖。
想要烹煮更是不可能～！

牛尾老師's Advice

請魚類區銷售人員幫忙吧

對初學者而言，要取出竹莢魚的魚鰓和內臟等前置處理，確實是需要勇氣。請魚店老闆或超級市場的魚類區銷售人員幫忙進行前置處理就會輕鬆許多喔。想要努力挑戰看看的人，則可以參考p.151的說明。

1

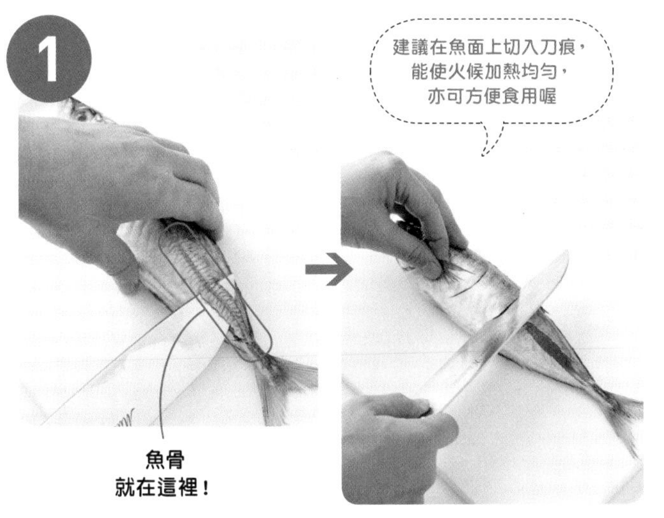

事前準備

即使已經請魚類區銷售人員幫忙取出魚鰓和內臟，但如果還有殘留魚骨（魚尾連接到腹部的硬質部位），也要切除。將菜刀打橫，從連接尾巴的部位切入，慢慢的移動菜刀切除。

在放入烤盤時朝上的一面，將菜刀以斜向切下，切出2條刀痕。

2

想要製作鹽烤魚類料理時，
鹽巴份量，約以魚肉重量的2%左右。
2條300g的話，300 × 0.02=6g
就是約為1小茶匙份量。
事先記起來的話會很方便喔

灑上鹽巴

用手指抓取小撮鹽巴，從30cm左右的上方，均勻的灑在兩面的魚肉上。

〔 MEMO 〕

塗上沙拉油以防止沾黏

在將烤魚用烤盤預熱之前，預先在網子塗上沙拉油，在烤魚的時候就比較不會沾黏在網子上面。

3

【 以單面燒烤的烤盤為例 】

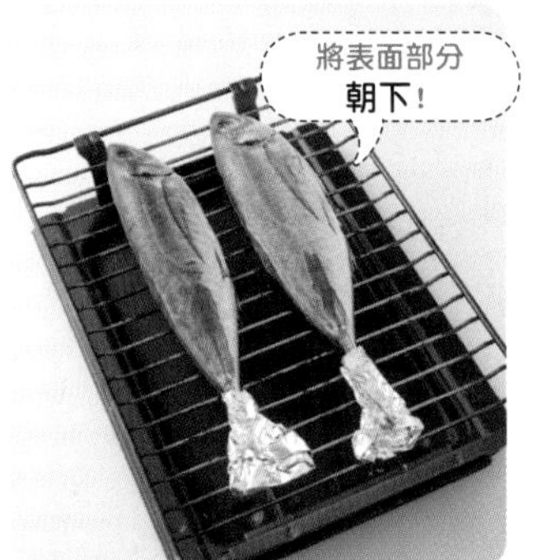

【 大火 】

【 以雙面燒烤的烤盤為例 】

【 大火 】

燒烤

以大火將烤魚用烤盤預熱約2分鐘，放上竹莢魚（可在胸鰭和尾鰭包上鋁箔紙以防止烤焦。不在意烤焦的話亦可不用包裹）。

〈 以雙面燒烤的烤盤為例 〉
放入烤盤時要將表面的部分朝上燒烤約10分鐘。
〈 以單面燒烤的烤盤為例 〉
放入烤盤時要將表面的部分朝上燒烤約7～8分鐘，翻面繼續燒烤約4～5分鐘。

盛入餐盤，放入青紫蘇葉、瀝乾水分的白蘿蔔泥和酸桔。

只要蛤蠣張開就OK！是一道快速的清蒸料理

拿玻里水煮魚

平底鍋 26cm

1人份	烹飪時間
347kcal	15分鐘

※不含蛤蠣吐沙的時間

還差1道！菜名導覽

德式馬鈴薯沙拉（p.104）
花椰菜拌奶油起司（p.113）

食材（2人份）

白肉魚類的切片（鯛魚或鱸魚之類）……2片切片

蛤蠣……200g

事前準備

小番茄……10顆 ➔ 去除蒂頭

大蒜……1瓣 ➔ 預先去除發芽部位並切成薄片

鯷魚……2片 ➔ 隨意切成碎末

黑橄欖（去籽）……10顆 ➔ 瀝乾水分

鹽、胡椒……各適量

橄欖油……1大茶匙

白酒……1／2杯

實物大小check！

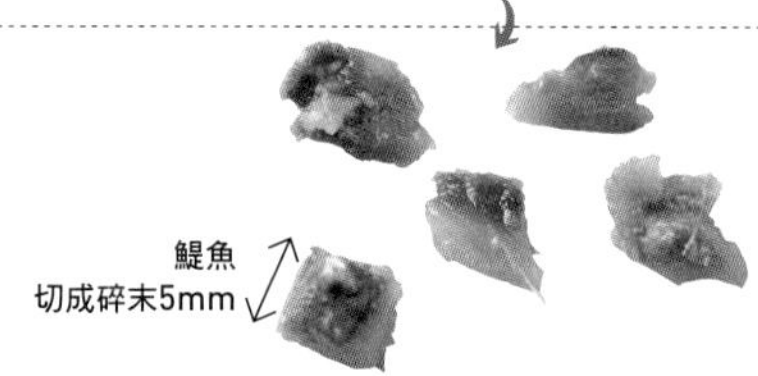

牛尾老師的特別授課

美味度UP↗的秘訣

徹底活用能夠帶出甜味的食材！

在拿玻里水煮魚中加入大蒜、蛤蠣和鯷魚增添香氣、甜味和鹹味，讓魚肉切片也能輕鬆呈現多層次的口味。在最後試吃時，如果覺得鹹味夠了就不需要再添加任何調味料，添加少許醬油增添口感也不錯喔。

事前準備

將蛤蠣浸泡在類似海水的鹽水中（適量鹽份）並蓋上鋁箔紙，靜置約30分鐘～1小時即可吐沙（詳細請參考便利對照表p.4），將外殼互相摩擦地予以清洗。

在魚肉灑上1／4小茶匙的鹽巴、少許的胡椒。

不使用魚片，使用1整條魚來製作會讓宴客感更加UP！ 可換成喜歡的笠子魚、雞魚或鱸魚等。蒸煮時間大約10～15分鐘即可。

煎魚

平底鍋放入大蒜和橄欖油，以小火加熱，待出現香氣之後，將魚皮朝下放入鍋中，將兩面都煎至出現金黃色澤為止。期間，覺得大蒜快要燒焦的時候，就要放到魚肉上面。

清蒸

將蛤蠣、小番茄、鯛魚、橄欖放入鍋中，以畫圓方式淋上白酒並蓋上鍋蓋，以中火蒸煮約3分鐘。等到蛤蠣張開之後，即可試吃肉汁的味道，分別加入少許鹽巴、胡椒來調味。

盛放餐具，還可以灑上切成碎末的荷蘭芹。

只要學會奶油白醬的作法，就能輕鬆搞定

焗烤鮮蝦斜管麵

1人份 570kcal　烹飪時間 40分鐘

單柄鍋具 16cm　雙柄鍋具 20cm　平底鍋 26cm　烤箱

還差1道！菜名導覽

普羅旺斯燉菜（p.48）
涼拌高麗菜沙拉（p.100）

食材（2人份）

事前準備

- 去殼蝦仁……150g
- 洋蔥……1／4顆 → 預先切成碎末
- 蘑菇……5顆 → 切成3mm厚度
- 斜管麵……80g
- 奶油……30g
- 麵粉……2大茶匙
- 牛奶……1.5杯
- 月桂葉……1片
- 鹽……1／3小茶匙
- 胡椒……少許
- 白酒……2大茶匙
- 披薩用起司……40g
- 麵包粉……2大茶匙

實物大小check！

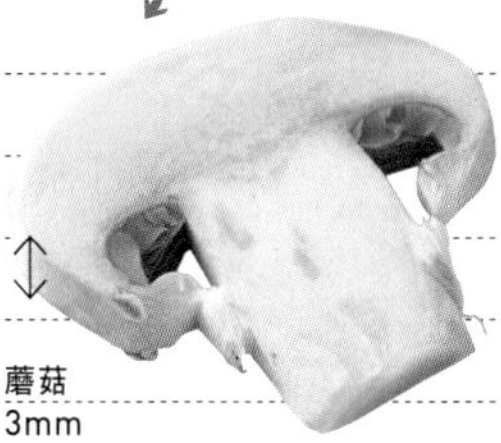

蘑菇
3mm

牛尾老師的特別授課

美味度UP↗的秘訣

奶油醬汁要親手製作最◎

奶油白醬雖然給人費時費工的印象，但市售品還是沒有親手製作的美味！趁著麵粉黏性最強的時候，將牛奶一點一點的慢慢加入，以防止結塊是重要的關鍵。有恆心地仔細攪拌，才能成功製造美味。

製作奶油醬汁

在16cm的單柄湯鍋放入20g的奶油，以小火使其融化，加入麵粉，炒至沒有粉末感為止。

以每次1～2大茶匙的份量分次加入牛奶，並適時均勻攪拌使其融合。感覺醬汁變得濃稠時，即可慢慢增加添加的份量。等到牛奶全部加完之後放入月桂葉，用木鏟一邊攪拌一邊以小火燉煮約7分鐘左右。加入鹽巴、胡椒之後關火。

拌炒食材

20cm的雙柄平底鍋中煮沸1公升的熱水並添加2小茶匙的鹽巴（適當份量），依照包裝指示將斜管麵煮熟。

同時，使用平底鍋將10g的奶油加以融化，加入洋蔥拌炒。待全部煮軟之後，加入蝦仁、蘑菇一起拌炒混合，接著淋上白酒即可關火。最後加入斜管麵一起攪拌。

焗烤

在耐熱器皿塗上奶油（適當份量）。將❷的奶油白醬加入平底鍋中攪拌混和。接著均勻分至耐熱器皿中，將表面刮平之後鋪上起司，灑上麵包粉。

在烤箱（1000W）焗烤7～8分鐘出現金黃色澤為止，建議可以灑上巴西里。

使用傳統烤箱的話要先預熱至230度，
焗烤時間為8～10分鐘

只要遵循步驟，就能作出肥美又Q彈的蝦子！

香炒辣醬鮮蝦

平底鍋 26cm

1人份	烹飪時間
292kcal	20分鐘

還差1道！菜名導覽

日式煎蛋（p.52）
白蘿蔔和風沙拉（p.122）

食材（2人份）

事前準備

蝦子（草蝦等品種）……10條 → 預先剝殼，只留下尾部1截

洋蔥……1／4顆 → 預先切成碎末

大蒜、生薑……各1瓣／塊 → 預先切成碎末

酒……1大茶匙

鹽、胡椒……各少許

太白粉……1大茶匙

麻油……適量

豆瓣醬……1／2小茶匙

Ⓐ［預先攪拌好］
- 番茄醬……2大茶匙
- 雞粉……1／2小茶匙
- 水……1/2杯
- 酒……1大茶匙
- 砂糖、醬油……各1／2小茶匙
- 鹽、胡椒……各少許

Ⓑ［預先攪拌好］
- 太白粉……1小茶匙
- 水……2小茶匙

初學者小姐的SOS

難得的肥美草蝦
卻一下子縮得好小！

牛尾老師's Advice

過度加熱是不行的喔

蝦子的加熱時間如果太長就會縮小變硬，要特別注意！抹上太白粉和麻油，迅速的加熱一下，就可以帶來Q彈的口感。想要確實的入味，將背部切開也是能讓蝦子更美味的秘訣。

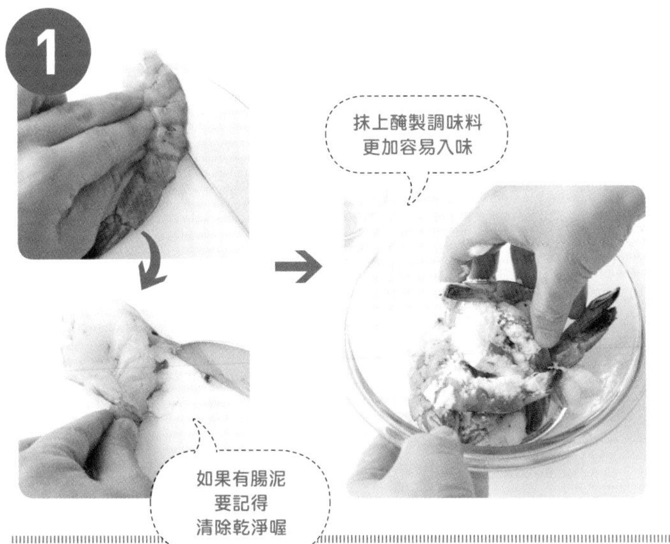

醃製調味

將蝦子的背部切開，如果有腸泥則取出。灑上酒、鹽、胡椒抓捏，加入太白粉繼續，接著加入1小茶匙的麻油持續入味動作。

將蝦子去殼，只留下尾端一截的話，會更具有香氣，外觀也Good！

【 大火 】

香煎蝦子

平底鍋放入1大茶匙的麻油熱鍋，接著以大火快速的將蝦子的兩面煎過後取出。

關火

【 中火 】

快速烹煮

平底鍋補上1大茶匙的麻油，放入洋蔥、大蒜、生薑、豆瓣醬，以小火拌炒。待出現香氣，洋蔥也已經煮熟時，加入A以小火稍微熬煮。

將蝦子放回鍋中，先將火關閉並將B徹底攪拌後以畫圓方式淋上，並搖晃鍋子予以攪拌。接著再次轉回中火，煮至沸騰出現濃稠感為止。

消除腥味、去除油脂！不要省略小小手續

鰤魚佐照燒醬

平底鍋 26cm

1人份	烹飪時間
397kcal	15分鐘

※在鰤魚灑上鹽巴靜置的時間扣除

還差1道！菜名導覽

燉煮高麗菜和油豆腐（p.101）
南瓜沙拉（p.111）

食材（2人份）

事前準備

- 切片鰤魚……2片
- 青辣椒……6根 ➔ 用牙籤刺出數個小孔
- 鹽……1／4小茶匙
- 麵粉……1小茶匙
- 沙拉油……2小茶匙
- A［預先攪拌好］
  - 醬油、酒、味醂……各2大茶匙
  - 砂糖……1大茶匙
- 白蘿蔔泥……適量

青辣椒 事前準備的訣竅

將青辣椒直接拿來煎或炸，會因內部空氣膨脹而導致破裂。只要用牙籤預先刺穿幾個小孔就沒有問題了。

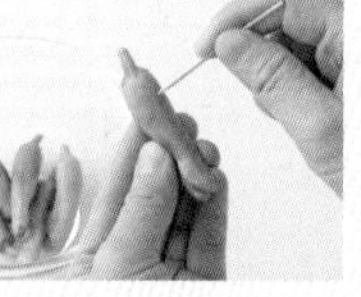

1 灑上鹽巴

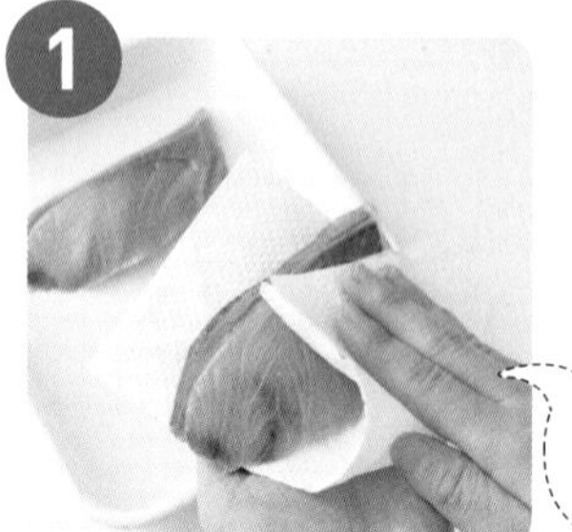

鰤魚灑上鹽巴靜置約30分鐘。沖洗後拭去水分，抹上薄薄一層麵粉，並撢去多餘的粉末。

灑上鹽巴，
將釋出的水分擦拭乾淨，
便能去除腥味。

2 香煎

【中火 → 較強中火】

平底鍋內加入沙拉油，以中火加熱，放入青辣椒快速煎過取出。接著放入鰤魚，將兩面分別煎到2～3分鐘的酥脆度。擦去鍋內多餘的油脂、加入A。以較強的中火一邊搖晃一邊煮出甜味和濃稠感。

3

盛入餐盤，放上青辣椒和白蘿蔔泥。

1人份	烹飪時間
254kcal	15分鐘

還差1道！菜名導覽

棒棒雞（p.73）
香烤茄子（p.114）

食材（2人份）

事前準備

- 切片金目鯛……2小片
- 生薑……1瓣 ➔ 帶著皮的狀態下切成薄片
- 蔥……1根 ➔ 切成4cm長度
- A 水……1／2杯
  - 酒……1／4杯
  - 砂糖……2小茶匙
  - 味醂、醬油……各1.5大茶匙

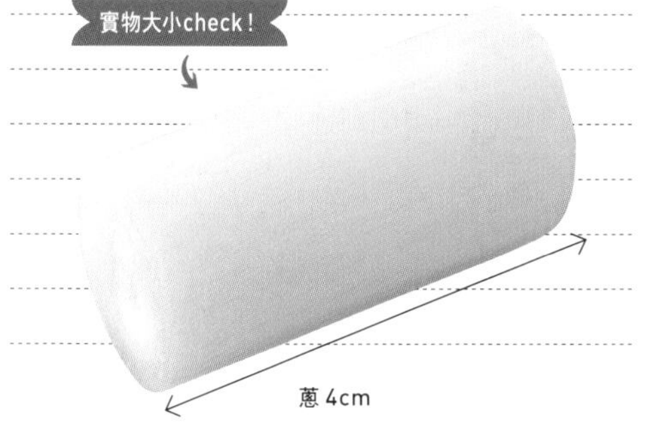

1 製作霜降效果

金目鯛魚皮上劃出十字形的刀痕，放置於濾網上，以畫圓方式淋上熱水。

淋上熱水
可以去除腥味

2 燉煮

平底鍋放入生薑和A，以大火煮至沸騰，接著放入金目鯛和蔥，蓋上小於鍋具的鍋蓋，以中火燉煮約5分鐘。燉煮的同時要用湯匙將湯汁淋在魚片上，煮到湯汁剩下2／3時大功告成。

【大火】
→【中火】

不需要翻面，
只要淋上湯汁即可

因為是肉質柔軟的魚類，烹飪時要格外小心

平底鍋 26cm | 1人份 280kcal | 烹飪時間 10分鐘

蒲燒沙丁魚

還差1道！菜名導覽

油豆腐與白蘿蔔燉菜（p.93）
甜味醃漬高麗菜（p.101）

食材（2人份）

事前準備

- 沙丁魚（對半剖開的魚片）……4條
- 豆苗……1／2包 ➔ 切除根部部位、切成一半長度
- 麵粉…1大茶匙
- 沙拉油……2小茶匙
- Ⓐ［預先攪拌好］
  - 醬油、味醂、酒……各1大茶匙
  - 砂糖……1小茶匙
- 紅薑……適量

牛尾老師's Advice

沙丁魚的剖開方式可參考p.152。一般超級市場也有可能販售已經事先剖開的包裝喔。

1 抹上粉類

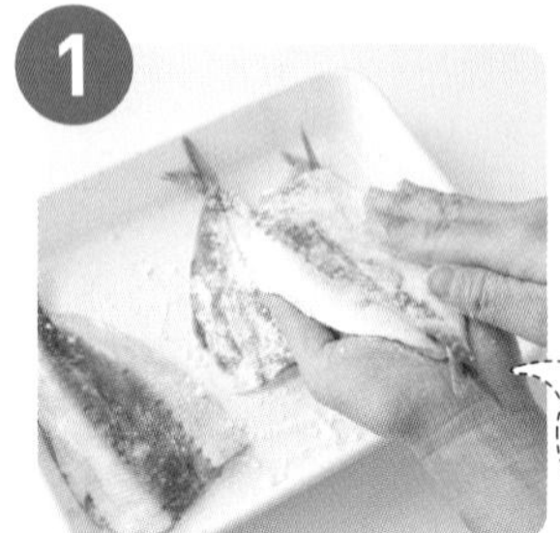

用餐巾紙擦拭沙丁魚的水分，抹上薄薄一層麵粉，再將多餘的粉末除去。

若沒有將水分擦乾淨，將導致麵粉結塊，要特別注意！

2 香煎

用鍋鏟幫忙支撐並迅～速的翻面

【中火】

在平底鍋內放入沙拉油，以中火加熱，從❶的魚皮開始煎。煎到出現金黃色澤就翻面，等到都煎熟之後就以畫圓方式淋上A，一邊搖晃一邊煮到湯汁變得濃稠為止。

翻面的話容易讓魚肉破裂，只要稍加搖晃即可！

3

盛放於餐具，擺上豆苗、切成細絲的紅薑。

燉煮花枝後取出→放回，以時間差技巧營造美味

雙柄鍋具 20cm

1人份	烹飪時間
259kcal	40分鐘

花枝芋頭燉菜

還差1道！菜名導覽

日式炸雞塊（p.26）
奶油菠菜（p.107）

食材（2人份）

事前準備

花枝……1隻 → 將身體和足部分開，取出內臟，身體部位切成1cm寬度的圓形切片，足部是每2～3隻腳就切開（參考p.152）

芋頭……8顆（300g） → 削皮，灑上鹽巴加以搓揉，之後用水沖洗，以清除黏液（參考p.149）

豌豆……8片 → 剝除纖維並用鹽水汆燙

A
- 高湯……1.5杯
- 砂糖、味醂……各1大茶匙
- 酒……3大茶匙
- 醬油……2大茶匙

花枝 **事前準備的訣竅**

附在足部前端部位的細小吸盤非常僵硬且口感不佳。要將其剪下。使用料理剪刀就能輕鬆完成！

1 燉煮花枝

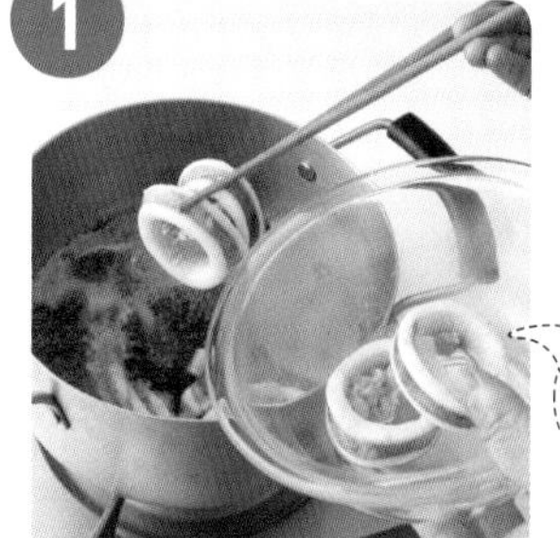

【大火】

雙柄鍋內放入A以大火加熱，沸騰之後就放入花枝，燉煮2分鐘左右將其取出。

燉煮太久的話會變得僵硬，變色後就先暫時取出

2 燉煮芋頭再將花枝放回

【小火】

在湯汁裡放入芋頭，蓋上小於鍋具的鍋蓋，以小火熬煮約20分鐘。使用竹籤可以輕鬆穿透時，即可將花枝放回鍋中，繼續熬煮約2分鐘。盛放於餐盤，放上豌豆。

將花枝放回之後快速熬煮完畢！

先用微波爐將豆腐加熱過後就能輕鬆料理！

1人份	烹飪時間
375kcal	20分鐘

麻婆豆腐

還差1道！菜名導覽

馬鈴薯沙拉（p.40）
涼拌薑味小黃瓜（p.109）

食材（2人份）

事前準備

- 木綿豆腐……1塊（300g）→ 切成2cm丁狀
- 豬絞肉……150g
- 蔥……1／2根 → 預先切成碎末
- 大蒜、生薑……各1瓣 → 預先切成碎末
- 麻油……1大茶匙
- 豆瓣醬……1／2～1小茶匙

A［預先攪拌好］
- 雞粉……1／2小茶匙
- 水……3／4杯

B［預先攪拌好］
- 酒……1大茶匙
- 醬油……2小茶匙
- 砂糖……1小茶匙
- 味噌……1／2小茶匙

C［預先攪拌好］
- 太白粉……1.5小茶匙
- 水……3小茶匙

實物大小check！

豆腐
2cm

牛尾老師的特別授課

美味度UP↗的秘訣

香料蔬菜和豆瓣醬是美味的關鍵

本書中介紹的製作方式，是不使用甜麵醬，只用常用的調味料就能烹調美味料理的食譜。關鍵在於使用麻油來將蔥、大蒜、生薑和豆瓣醬徹底炒出香氣。切成碎末的部分，盡可能切得越細越好！就能迅速做出精緻又道地的口味喔。

1

豆腐水分去除

將餐巾紙鋪在豆腐下，放置於耐熱器皿中，於微波爐（600W）加熱1分鐘去除水分。

豆腐切好之後再予以加熱，
水分既能也能快速完成！
只要稍微加熱一下，
就夠縮短熬煮的時間，
真是一舉兩得喔♪

2

【 小火 】

【 大火 】

拌炒絞肉

平底鍋內放入麻油、蔥、大蒜、生薑和豆瓣醬，以小火加熱後拌炒。等到炒出香氣以後，再放入絞肉以大火繼續拌炒。

3

【 中火 】

關火 →【 中火 】

燉煮

將絞肉炒熱之後即加入A、B，待沸騰之後轉成中火，放入豆腐。熬煮3分鐘左右，並適時的予以攪拌。接著先暫時關火，將C再度攪拌之後以畫圓方式淋上，並立刻予以攪拌。再度開成中火，煮到沸騰並出現濃稠感為止。

盛放至餐盤，依照喜好灑上切成小段的青蔥、以畫圓方式淋上辣油。

讓豆腐完全吸收豬肉油脂鮮美並煎到焦香

1人份	烹飪時間
433kcal	25分鐘

沖繩苦瓜

還差1道！菜名導覽

鹽烤竹莢魚(p.74)
醬燒牛蒡絲(p.116)

食材(2人份)

事前準備

木綿豆腐……2／3塊(200g)
豬五花薄切肉片……150g → 切成6cm長度
苦瓜……1條 → 向對半切開，並去除種籽和瓜囊，切成3～4mm厚度
蛋……1顆 → 打蛋並攪拌
沙拉油……1小茶匙
鹽……1/4小茶匙
胡椒……少許
醬油……1/2小茶匙
柴魚片……適量

苦瓜 事前準備的訣竅

苦瓜的白色瓜囊和種子，可以使用湯匙輕鬆挖除乾淨。只要將瓜囊去除乾淨，就能緩和苦瓜的苦味。

初學者小姐的SOS

豆腐變得破破碎碎的
很難食用

牛尾老師's Advice

豆腐用〝煎〞的比炒的更好喔！

如果使用木鏟拌炒豆腐太久，就會破壞豆腐形狀而變得破碎。用手將豆腐撕成較大的塊狀來放入鍋中，不要碰觸慢慢等待，直至煎出金黃色澤之後再將豆腐翻面就好。與其用炒的，用〝煎〞的的會更好喔。

【 中火 】

將豆腐水分瀝乾、煎肉

用餐巾紙包裹豆腐並放上重物，靜置約15分鐘，讓水分徹底的瀝乾。

平底鍋倒入沙拉油，以中火加熱，將豬肉拌炒至熟透、出現油脂後就先取出。

豬肉煎過頭的話，
將會變硬，
煎好就要趕快取出喔！

【 中火 】

不要碰觸慢慢等待，
直至出現像這樣的
香煎色澤即可翻面

【 中火 】

香煎豆腐

以手將豆腐撕成方便食用的大塊狀並放入鍋中，利用殘留在平底鍋的油脂，將豆腐的兩面都煎熟後，將其取出。

【 大火 】

【 大火 】

整體拌炒混合

將殘留平底鍋的油脂以大火加熱，放入苦瓜拌炒。等到油脂吸收並炒熟之後，將豬肉和豆腐放回鍋中，快速的予以拌炒混合。以畫圓方式淋上拌好的蛋液，大略地攪拌後，灑上鹽巴、胡椒、醬油來加以調味。

盛放餐盤，放上柴魚片。

辣味熱湯和柔滑豆腐是最佳搭配

韓式豆腐鍋

雙柄鍋具 20cm

1人份	烹飪時間
379kcal	25分鐘

※不含蛤蠣吐沙的時間

還差1道！菜名導覽

甜味醃漬高麗菜（p.101）

白蘿蔔和風沙拉（p.122）

食材（2人份）

事前準備

- 絹豆腐……1／2塊（150g）→放置於餐巾紙上約5分鐘左右讓水分瀝乾
- 蛤蠣……150g →浸泡於鹽水內30分鐘～1小時讓蛤蠣吐沙（參考事前準備用便利對照表p.4），將外殼互相摩擦予以清洗
- 豬五花薄切肉片……100g →切成6cm的長度
- 蔥……1根 →預先斜切成1cm左右的厚度
- 韮菜……1／2束 →切成5cm長度
- 大蒜……1瓣 →去除發芽部位並切成薄片
- 白菜泡菜……100g
- 蛋……1顆
- Ⓐ 雞粉……2小茶匙
- 　水……700ml
- 麻油……2小茶匙
- 韓式辣椒粉（韓國產、中粗度）……1／4小茶匙
- 砂糖、醬油……各1小茶匙
- 鹽……1／3小茶匙

實物大小check！

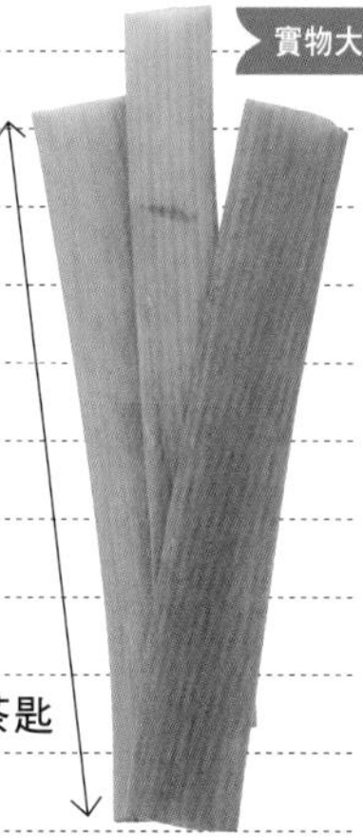

韮菜 5cm

初學者小姐的SOS

家裡沒有韓式辣椒粉。
和日式的一味辣椒粉是否不同？

牛尾老師's Advice

辣的程度不同，使用一味辣椒粉替代也OK

一般而言，韓國料理所使用的辣椒粉，比日式的一味辣椒粉來得溫和，綜合辣味、甜味和濃厚口感是其特徵。用於涼拌類、麵類和咖哩等調味上也非常便利。如果使用一味辣椒粉替代，份量就要減少喔。

拌炒食材

使用雙柄鍋以大火加熱麻油，拌炒豬肉。等到肉片完全加熱之後，即可放入蔥、大蒜、泡菜一起拌炒。

熬煮

放入A煮到沸騰，用湯匙挖起一口大小的豆腐放入鍋中。接著放入蛤蠣、韮菜，以中火來燉煮。

調味，放入雞蛋

等到蛤蠣張開之後，放入辣椒粉、砂糖、醬油、鹽巴來加以調味。打蛋放入，關火並蓋上鍋蓋，靜置2分鐘左右。雞蛋呈現半熟狀態即大功告成。

最後才將蛋打破放入
是韓式豆腐鍋的特徵。
把雞蛋搗碎一起食用，
就會呈現濃郁的口感唷

牛肉快速的煮過就能完成軟嫩口感

豆腐炒肉

1人份	烹飪時間
321kcal	20分鐘

還差1道！菜名導覽

茶碗蒸（p.54）
牛蒡美乃滋沙拉（p.117）

食材（2人份）

事前準備

- 煎烤用豆腐……1／2塊（150g）➔ 切成4等份、放置於餐巾紙上約5分鐘左右以瀝乾水分
- 薄切牛肉片（肩部里脊肉等）……100g
- 蔥……1／2根 ➔ 預先斜切成1cm左右寬度
- 鴻喜菇……1包 ➔ 切除梗並撕開
- 山茼蒿……1／2把 ➔ 摘取葉子
- 蒟蒻絲……100g ➔ 隨意切段，用水汆燙過後放於濾網上
- A 酒、味醂、醬油……各2大茶匙
  - 砂糖……1大茶匙
  - 水……1杯

牛尾老師's Advice

煎烤用豆腐比較不會出水與破碎，可以作為燉煮的食材。如使用木綿豆腐製作，用重物確實壓過並瀝乾水分再使用

1 牛肉煮過之後取出

將A放入平底鍋，以中火煮至沸騰。加入牛肉，用長柄筷將肉片攤開煮熟，變色之後就予以取出。

將牛肉快速煮過再取出，讓軟嫩度KEEP

【中火】

2 熬煮

【中火】

撈除雜質後，再加入豆腐、蔥、鴻喜菇和蒟蒻絲，蓋上小於鍋具的鍋蓋，以中火燉煮約5分鐘。最後加入牛肉、山茼蒿一起熬煮約1分鐘後盛放於餐盤，並依照喜好灑上七味粉。

關東煮風的溫和口感，利用時間差燉煮就是秘訣

雙柄鍋具 20cm | 1人份 259kcal | 烹飪時間 25分鐘

油豆腐與白蘿蔔燉菜

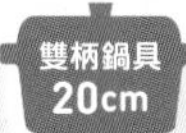

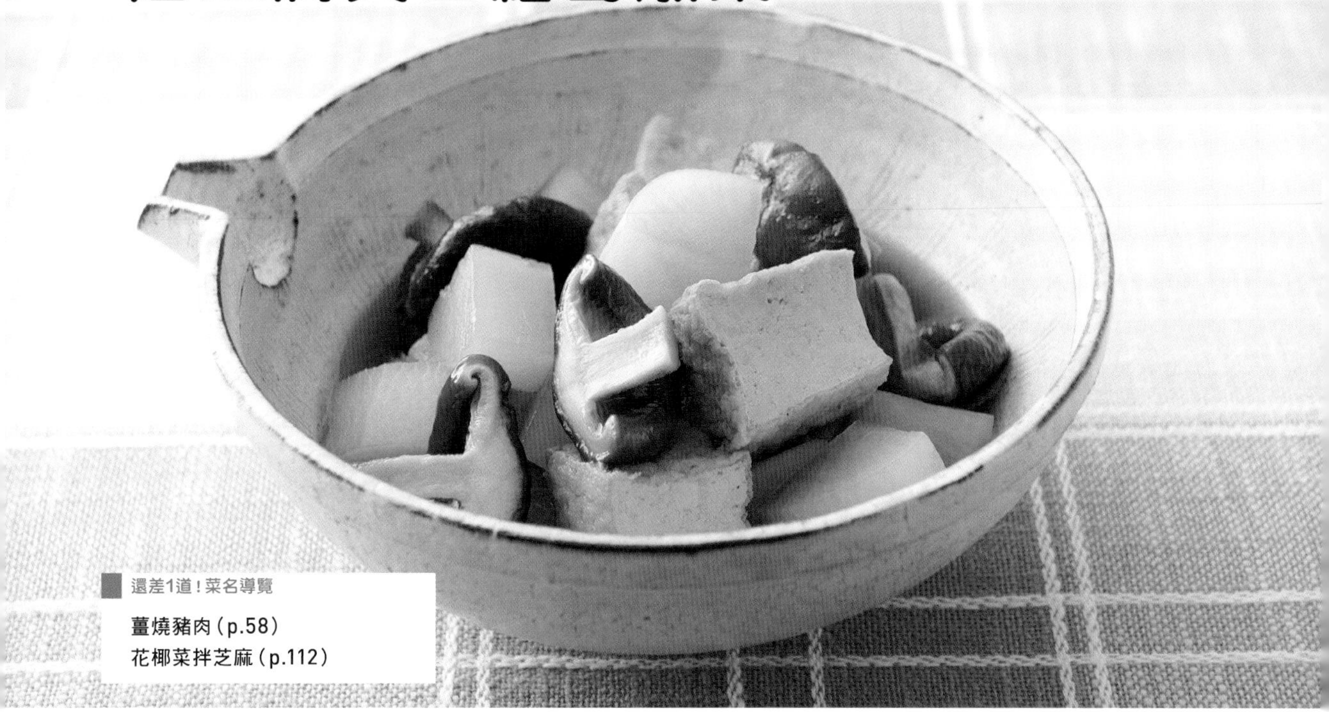

還差1道！菜名導覽

薑燒豬肉（p.58）
花椰菜拌芝麻（p.112）

食材（2人份）

事前準備

- 油豆腐……1塊 ➔ 切成8等份
- 白蘿蔔……8cm ➔ 較厚削除外皮，預先切成2cm厚度的1／4切片
- 香菇……4片 ➔ 去除梗、對半切開
- 高湯……3杯
- Ⓐ 酒、醬油、味醂……各2大茶匙
  - 砂糖……1小茶匙
  - 鹽……少許

實物大小check！

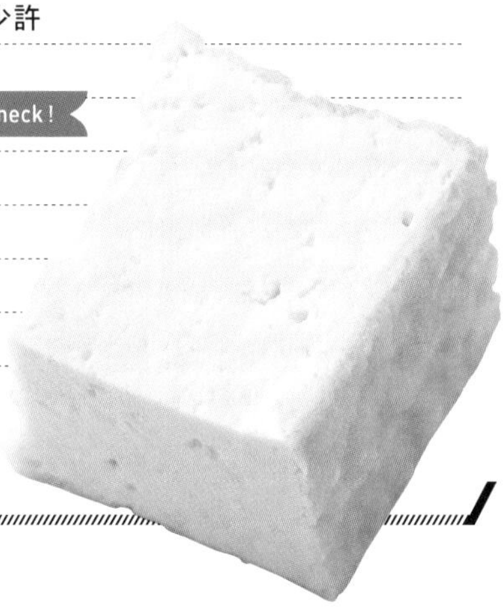

油豆腐

1 去除油脂

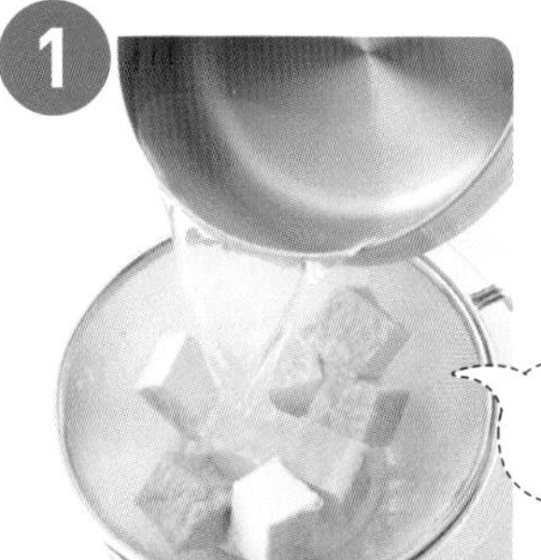

將油豆腐放於濾網之上，將熱水以畫圓方式淋上以去除油膩。

全部淋上熱水
並輕輕瀝乾水分就OK

2 燉煮

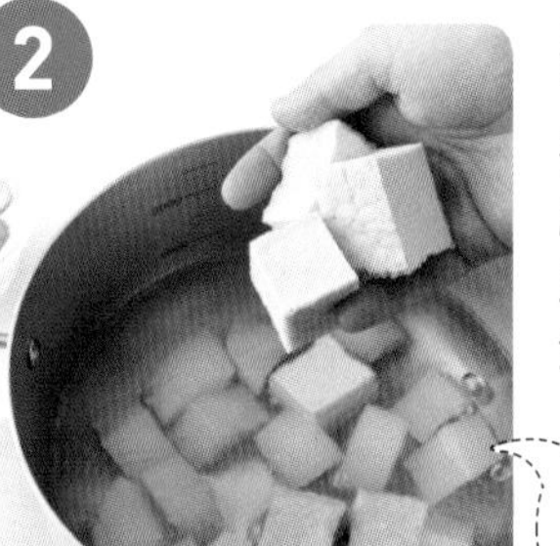

【小火】→【較弱中火】

在雙柄鍋內放入高湯、白蘿蔔煮至沸騰，再以小火熬煮約10分鐘。放入油豆腐、香菇、A調味，蓋上小於鍋具的鍋蓋，以較弱的中火熬煮約5分鐘。

將白蘿蔔煮熟透
需要花費較多時間，
要先煮好後再放入油豆腐燉煮

將學會的料理加以變化製作！

宴會餐點

招待重要對象時的料理，總是令人有些緊張吧！
初學者如果是製作平常就做過的料理，就比較不會失敗，而能輕鬆完成喔。
這個單元，是將本書中登場的食譜變換成宴會風來加以介紹。

p.60可樂餅的宴會餐點

起司內餡的酥脆可樂餅

只要變換造型就能
更加華麗且方便食用

p.102紅蘿蔔細絲沙拉的宴會餐點

添加葡萄乾的紅蘿蔔細絲沙拉

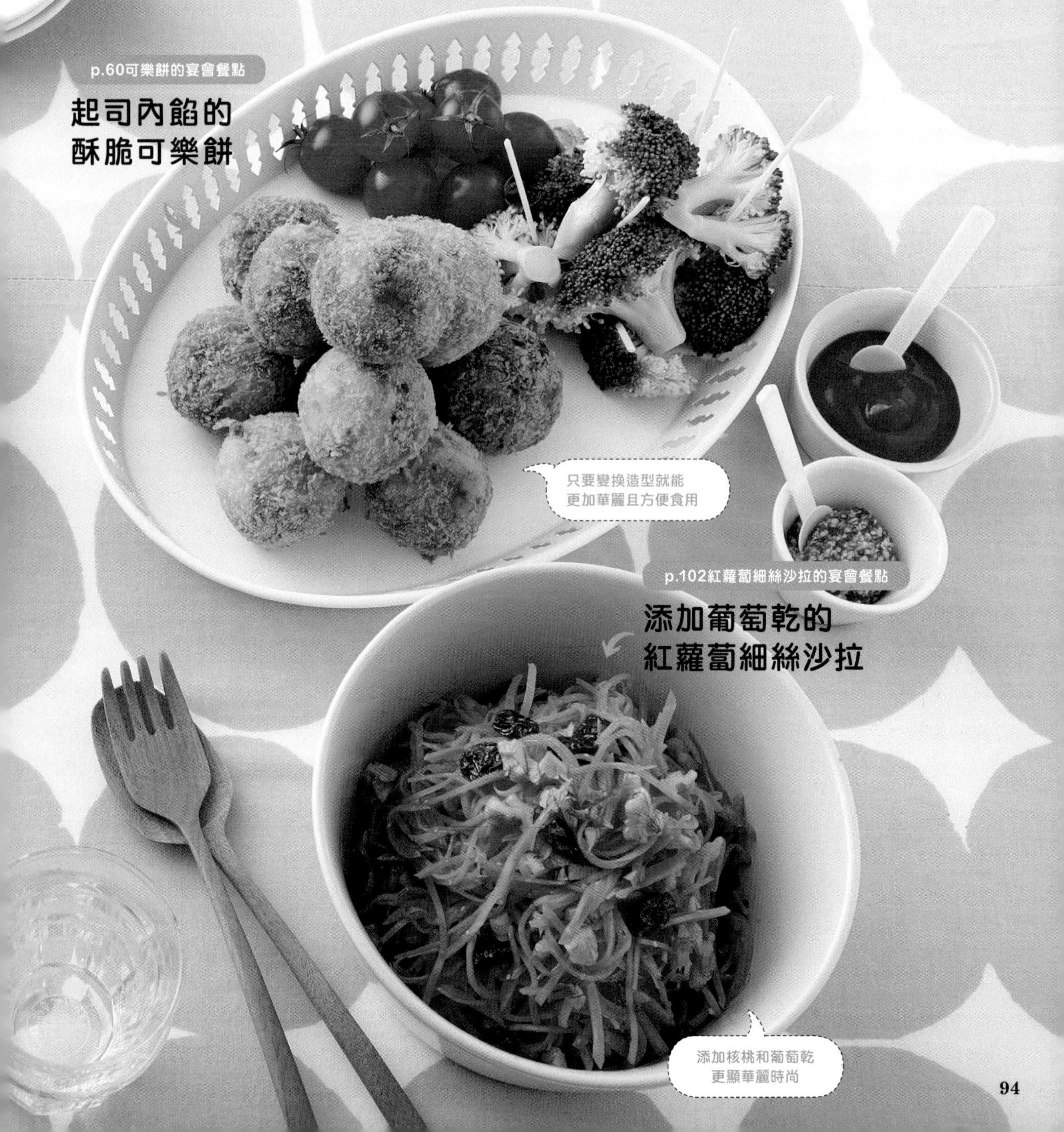

添加核桃和葡萄乾
更顯華麗時尚

使用市售產品切成
一口大小、稍加排列就好！
開胃菜
綜合拼盤
選用容易分食，
又不會過度吸水膨脹的斜管麵
p.138鮮蝦奶油紅醬義大利麵的宴會餐點
海鮮佐紅醬斜管麵
油炸過的法式麵包丁
讓份量感UP
p.120綠色蔬菜沙拉的宴會餐點
凱薩醬
綠色蔬菜沙拉

p.94～95

宴會餐點的製作方式

添加葡萄乾的紅蘿蔔細絲沙拉

製作方式 → p.102 紅蘿蔔細絲沙拉

宴會餐點的重點

準備2倍份量的食材，以40g的核桃代替花生放入混和，最後添加30g的葡萄乾一起攪拌。

凱薩醬綠色蔬菜沙拉

製作方式 → p.120 綠色蔬菜沙拉

宴會餐點的重點

將綠色蔬菜沙拉的蔬菜盛放於餐盤，取1／3長度的法國長棍麵包用手撕成一口大小，以加熱至170度的油炸到酥脆，灑到蔬菜上。淋上p.121的「凱薩沙拉醬」。

製作較大的麵包丁，食用上會更有飽足感

【 中火 】

起司內餡的酥脆可樂餅

製作方式 → p.60 可樂餅

宴會餐點的重點

準備2倍份量的可樂餅食材，做好肉丸之後分成16等份。將16個切成1cm丁狀的加工起司包入肉丸，調整成圓形，裹上麵衣並油炸。

和小番茄、汆燙好的花椰菜一起盛盤，擺上顆粒芥末醬、番茄醬等沾醬。

將起司確實的放入肉丸中，剛炸好的時候就是融化的美味口感。

宴會餐點準備的 時間表特別叮嚀

【 前一天之內 】

- 預先買好所有的食材。
- 預先想好用來盛盤的餐具。
- 將可樂餅事先做到裹好麵衣的階段。
  →排列於烤盤上，用保鮮膜包好放入冰箱冷藏。
- 預先作好紅蘿蔔細絲沙拉。
- 預先作好綠色蔬菜沙拉的醬汁。

【 當天工作順序 】

◎ 將開胃菜拼盤的食材切好放上餐盤。
◎ 將綠色蔬菜沙拉的蔬菜盛放餐盤。
◎ 油炸麵包丁放到沙拉上，
接著油炸可樂餅。
◎ 製作海鮮佐紅醬斜管麵。

開胃菜綜合拼盤

1. 生火腿、義大利臘腸切成方便食用的大小。
2. 卡蒙貝爾起司、藍紋起司等，將喜好的起司切成方便食用的大小。
3. 在木頭砧板或較大的餐盤放上❶、❷、杏仁或蜜棗等乾果類、切成薄片的法國麵包一起盛盤。亦可使用荷蘭芹來裝飾。

※食材的份量，請依照能夠以適當比例盛盤的份量來自行調整。

使用市售的西式開胃菜就OK！也能夠作為等待料理期間的"連結用"餐點喔

海鮮奶油紅醬斜管麵

製作方式 → p.138 鮮蝦佐紅醬義大利麵

宴會餐點的重點

準備2倍份量的紅醬斜管麵食材。將鮮蝦替換成300g的綜合海鮮、義大利麵替換成400g的筆管麵。綜合海鮮（冷凍）可淋上熱水來幫助解凍。

淋上熱湯可以解凍，並消除腥味。

第一次舉辦家庭宴會的成功秘訣

秘訣 1
做平常習慣的料理來讓自己享受宴會氣氛！

與其因為是特別的宴會而挑戰初次嘗試的料理，不如製作自己擅長、已經習慣的料理會更好。因為當天要等待賓客又要手忙腳亂的準備，又因為失敗而自責的話，不如讓自己也能放鬆心情的享受才是最重要的！

秘訣 2
容易食用的形狀、顯得華麗的造型，試著花費心力的裝飾盛盤

儘管是日常的菜色，只要在方便食用度上多加留意，並設法搭配色彩和華麗感這方面多下一點功夫，就是宴會餐點的模式。在大的餐盤上要如何盛盤？要使用何種餐具來夾取食物？思考這些事物問題也會充滿樂趣！

秘訣 3
作好準備在前一天完成，宴會當天就能順利進行

想要製作本回介紹的5道菜色，可參考右側的時間表。像能事先入味的沙拉或普羅旺斯燉菜等熬煮菜色，前一天預先作好也OK。油炸料理也先做到裹好麵衣的階段，當天只需直接油炸就會非常輕鬆喔。

秘訣 4
只要2～4道就好。也可以請賓客攜帶菜餚參與

覺得要大量製作太過辛苦，只要準備具有份量感的主菜和蔬菜料理就好，接著就請賓客攜帶菜餚來參與吧！義大利麵可以先多準備一點食材，接著視料理的消耗速度再補充也可以喔。

這種時候，該怎麼辦？問題解決篇

用具、食材、調味料都備齊，「料理，開始！」的準備開始作時，才忽然對某些事物產生了疑問，就是這些小事情。在此一一解決吧♪

Q. 調味料應當如何保存會比較好？

A. 有些產品在開封後要冷藏會比較好

通常在開封前常溫保存就OK。不過，開封後有些產品要冷藏保存會比較好，可參考下表確認。而開封後要儘早使用完畢是最好的。初學者小姐則是一點一點慢慢添購會比較好。

容易令人混淆的調味料＆食材（開封後）

醬油→ 儘可能放在冰箱冷藏。常溫的話顏色會容易變深。

酒、味醂、醋→ 常溫就OK。

油→ 沙拉油、橄欖油、麻油等，每一種都是常溫就OK。

砂糖、鹽→ 常溫就OK。擠出空氣、封閉開口，並放入密封袋保存。

麵粉、太白粉→ 儘可能放入冰箱加以保存。常溫的話，要擠出空氣、密封開口，並放入密封袋保存。

米→ 存放陰涼地點。放冰箱則是放入蔬果保鮮室。

Q. 看起來很乾淨的蔬菜，要清洗嗎？

A. 任何蔬菜都一定要清洗！

即使看起來乾淨，也可能會有附著農藥，或是在葉片內側藏有污垢、蟲類滋生等等的狀況。番茄、紅蘿蔔等帶皮的蔬菜可用手搓揉表面水洗，葉菜類則是在大量的水中清洗乾淨。

Q. 肉類和魚類的肉質容易受到破壞，是否可以冷凍？

A. 使用保鮮膜密封就是冷凍OK

無法立刻食用完畢的份量，建議趁著新鮮趕快冷凍。整包直接放入冷凍，可能會容易因為結凍而導致肉質變質，以每次食用份量分裝並排出空氣，用保鮮膜確實包好。薄薄又平整的包裹起來，讓冷凍和解凍都能在短時間內完成喔。

Q. 小於鍋具的鍋蓋應該如何製作呢？

A. 將烤盤紙剪成圓形

將寬度30cm的烤盤紙剪成可以摺成正方形的大小，摺成四摺。接著朝對角方向摺起，再朝對角方向摺起，再依照鍋子或平底鍋的半徑剪去多餘的部分。為了能讓蒸氣揮發，將中心點尖起的部位稍微剪掉一點就大功告成。

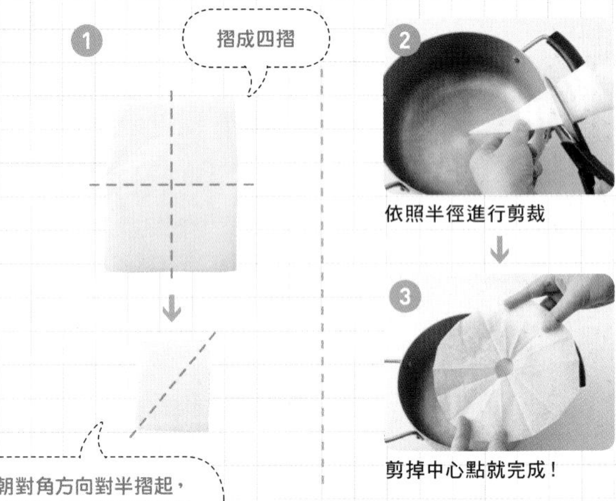

Q. 油炸後的油，應當如何處置比較好呢？

A. 過濾後再使用一次，或是倒掉

鋪上餐巾紙，用濾網濾過，可以再使用一次。「反正少量，過濾會很麻煩」「因為很髒所以想要倒掉」的這種時候，就請交由各縣市清潔隊清潔垃圾時，倒入廚餘回收桶。除此之外，使用油類清理專用的凝固劑也能輕鬆處理。

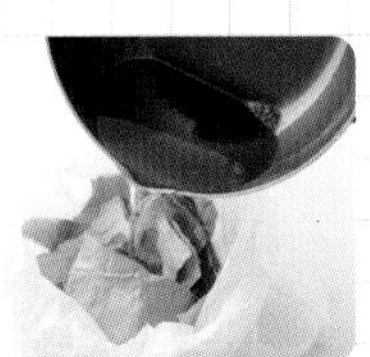

殘留麵衣碎屑會讓油質劣化，要使用餐巾紙過濾或丟棄喔

Part 3

簡單！美味！只要1樣青菜就能做的菜餚

一個人獨居也好、兩個人同居也好，意外的常會吃不完而造成浪費的蔬菜類。本書中，以馬鈴薯、高麗菜、花椰菜等，常會購買的蔬菜來做為案例，盡量將只要1樣青菜就能做出來的配菜全部集結。為了只差1道菜而苦惱的時候就會大活躍喔。

高麗菜

雖然一整年都能品嚐到，但以春天的軟嫩葉片和冬天的厚質葉片和厚實感為特徵。用沙拉或醃漬來享受清脆的口感非常不錯，燉煮到變軟並帶出甜味也很美味，其中更包含豐富維他命C。

處理方式的訣竅

葉片要從根部開始剝下

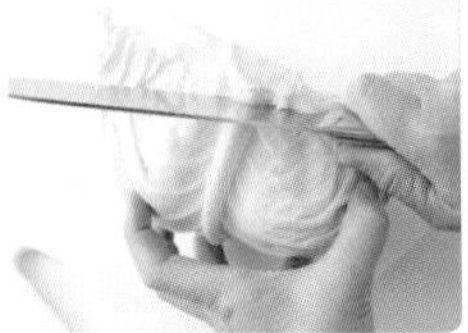

要剝除葉片的時候，從葉片部分開始剝開硬拔是不行的！要使用菜刀切入菜芯和菜梗根部的連接處，將菜葉從根部完整的切開。

菜梗切薄後再切細

需要切絲或切成碎末的時候，要將菜刀以打橫方向切入，沿著較厚的菜梗部位切薄之後就能方便切細。切薄取下的部位也可以一起跟著切細。

使用鹽巴攪拌讓水分確實瀝除才不會使味道過淡

涼拌高麗菜沙拉

1人份 133kcal　烹飪時間 15分鐘

1 用鹽巴攪拌

將高麗菜放入大碗內，灑上鹽巴輕輕攪拌搓揉。靜置約5分鐘，將水分確實瀝乾。

體積會減少到像是這樣

2 混合

加入火腿、玉米粒、A一起混和。

食材（2人份）

事前準備

- 高麗菜……1／4顆（300g） → 將菜梗削薄之後（參考上文），隨意的切成細末
- 火腿……2片 → 切成5mm丁狀
- 完整玉米粒……約2大茶匙（30g）
- 鹽……1／4小茶匙
- A 美乃滋……1大茶匙
  - 醋……1小茶匙
  - 蜂蜜、芥末醬……各1／2小茶匙
  - 胡椒……少許

實物大小check！

高麗菜

使用塑膠袋醃漬好輕鬆！剛剛好的酸度

甜味醃漬高麗菜

1人份	烹飪時間
59kcal	5分鐘

※扣除醃漬的時間

食材（2人份）

- 高麗菜……1／4顆（300g）
  ➔ 切成3cm丁狀
- 生薑……1片
  ➔ 預先切成薄片
- 紅辣椒……1根
  ➔ 去除種籽
- 昆布……5cm
- 鹽……1小茶匙
- A 醋……3大茶匙
- 砂糖……1大茶匙

冷藏約可保存4天左右

1 放入塑膠袋內

將高麗菜放入塑膠袋內，灑上鹽巴輕輕攪拌。放入生薑、紅辣椒、昆布、A一起攪拌後，擠出袋內空氣、將開口打結綁緊。

2 醃漬

將整個塑膠袋放入保存容器、壓上加重物靜置一晚。使用相同大小的保存容器並裝滿水，或是裝滿水的保特瓶、罐頭等等，均可作為加重物。

使用相同大小的保存容器作為加重物，比較可讓重量平均分配。

用清淡的湯汁快速燉煮，呈現溫和的口感

燉煮高麗菜和油豆腐

雙耳湯鍋 20cm

1人份	烹飪時間
115kcal	10分鐘

食材（2人份）

- 高麗菜……1／6顆（200g）
  ➔ 切成4cm丁狀
- 油豆腐……1片
  ➔ 去除油脂（參考便利對照表p.4）、切成2cm寬度
- A 高湯……1.5杯
- 酒、醬油……各1／2大茶匙
- 味醂……1大茶匙
- 鹽……1小撮

1 水煮

將A加入鍋內煮至沸騰，放入高麗菜、油豆腐，蓋上小於鍋具的鍋蓋，以中火熬煮約5分鐘。

〔 MEMO 〕

亦可使用薄切片的厚豆腐或乾吻仔魚一起燉煮，代替油豆腐。但使用乾吻仔魚的話，因為鹽分比較多，不需加入調味用的鹽巴也OK。

紅蘿蔔

胡蘿蔔素的名稱就是由「紅蘿蔔」的名稱而來，富含可提高免疫力、強化皮膚和黏膜的β胡蘿蔔素。鮮豔的色彩讓菜色顯得新鮮，營養價值也◎。改良的品種讓甜味也跟著增加，建議作為生食使用。

處理方式的訣竅

使用刨刀削皮好輕鬆

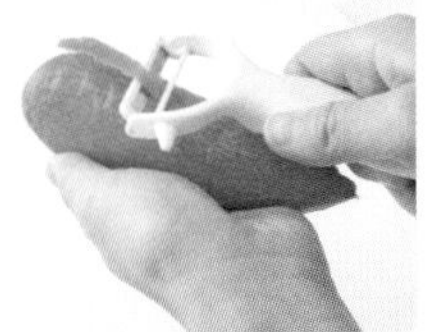

使用刨刀削皮會比使用菜刀削得更薄更平均。紅蘿蔔會在清除泥巴的手續結束後才販售，只要薄薄削去外皮就OK。

沒用完的要包上保鮮膜

切完後或削完皮，會從切口開始乾燥而傷到肉。要將全部用保鮮膜確實包裹，放入冰箱的蔬果保鮮室。

使用微波爐稍微加熱，就是滋潤又入味的料理

紅蘿蔔細絲沙拉

微波爐　1人份 221kcal　烹飪時間 8分鐘

1 使用微波爐加熱

將紅蘿蔔放入耐熱碗，包上保鮮膜，放入微波爐加熱約2分鐘左右，趁熱灑上鹽巴和胡椒。

2 混合

簡單的製作“花生油脂”

將花生放入塑膠袋內，使用研磨棒等隨意地將花生敲打成碎屑。

在❶內加入花生，有的話亦可添加荷蘭芹、A一起混合攪拌。

食材（2人份）

紅蘿蔔……1大根（200g）→將皮削除、斜切成薄片之後，接著切成細絲（事前準備）

花生……40g

鹽……1／4小茶匙

胡椒……少許

A［預先攪拌好］

- 橄欖油……1大茶匙
- 顆粒芥末醬……1小茶匙
- 蜂蜜……1／2小茶匙
- 檸檬汁……2小茶匙

實物大小check！

紅蘿蔔

厚切的紅蘿蔔具有Q彈口感！

鋁箔紙包烤紅蘿蔔

微波爐　烤箱

1人份 130kcal　烹飪時間 10分鐘

食材（2人份）

- 紅蘿蔔……2根
  ➔預先削皮，切成1.5cm厚度的圓形切片
- 奶油……20g
- 鹽……1／4小茶匙
- 胡椒……少許

使用微波爐來稍微加熱過的省時料理！

1 使用微波爐來加熱

紅蘿蔔用保鮮膜包妥，以微波爐加熱約2分鐘左右。

2 使用烤箱來烤熟

紅蘿蔔、奶油鋪在鋁箔紙上，灑上鹽巴、胡椒之後包好。放入烤箱（或是烤魚用烤盤）加熱約5分鐘左右。

鋁箔紙上以平放方式排列，將上下、左右的方向包裹好，以蒸烤的方式來予以加熱。

利用明太子的辣度來誘發蔬菜甘甜味

紅蘿蔔炒明太子

平底鍋 26cm

1人份 106kcal　烹飪時間 15分鐘

食材（2人份）

- 紅蘿蔔……2根
  ➔將皮削除、切成4cm的長度，並以縱向切成薄片。接著切成與火柴棒相仿的細絲
- 辣味明太子……20g
  ➔薄皮的部分帶入刀痕，以菜刀的刀背勾出魚卵（參考p.153）
- 橄欖油……2小茶匙
- 醬油……1／2小茶匙

1 熱炒食材

平底鍋內倒入橄欖油，以中火加熱，將紅蘿蔔炒熟。炒約3分鐘左右炒熟之後，放入明太子繼續拌炒約1分鐘左右。

2 調整口味

畫圓方式淋上醬油，調整口味。

〔MEMO〕

明太子只要稍微加熱一下就OK。使用鱈魚卵也沒有問題。只要學會紅蘿蔔的熱炒方式，也能使用牛蒡或蓮藕來自行組合喔。

馬鈴薯

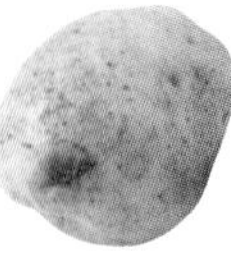

以鬆鬆軟軟的男爵品種，和黏度較高、不容易煮到破碎的五月皇后品種為代表。可將一整顆水煮、磨成粉狀、削成細絲來煎烤等，會依照不同的料理法改變口感。主成分雖然是澱粉，但亦富含維他命C和B1。

處理方式的訣竅

發芽部位使用刀角挖除

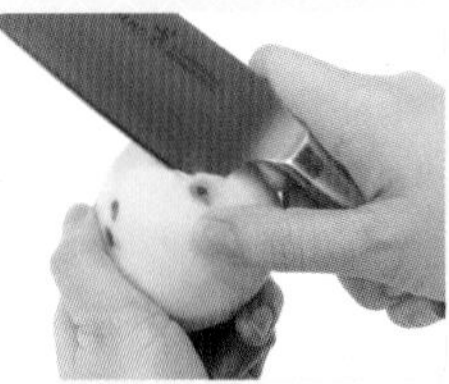

發芽部位含有稱作茄鹼的有毒物質，要使用菜刀刀角插入發芽部位並將其挖除。外皮呈現綠色變色的部位也同樣需要挖除。

常溫下保存OK

放入籃子或紙袋內，保存於不會受到日曬又通風良好的地點。炎熱時期容易導致損傷，放入蔬果保鮮室冷藏也沒有問題。

外層酥酥脆脆、內層鬆鬆軟軟！

德式馬鈴薯沙拉

單柄鍋具 16cm　平底鍋 26cm

1人份 256kcal　烹飪時間 45分鐘

1 水煮

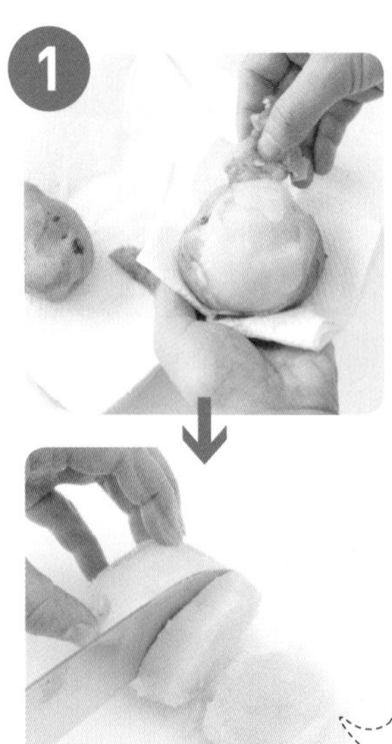

將馬鈴薯以帶皮的狀態放入鍋中，倒入可以蓋過食材的冷水，加入1.5小茶匙的鹽巴（份量外），以大火加熱。煮沸之後轉成較弱的中火繼續煮約30分鐘，煮到使用竹籤可以順利穿透為止（或是使用微波爐加熱也OK。參考p.40）。瀝乾水分，將皮削除並去除發芽部位，切成1cm的厚度。

只要事先水煮就不用擔心有無煮熟的問題而能切得厚一些！

2 香煎

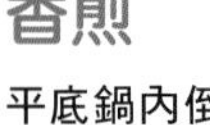

【中火】

平底鍋內倒入橄欖油和大蒜，以中火加熱。出現香氣之後就放入培根、馬鈴薯和奶油。要讓培根的油脂全部被馬鈴薯所吸收，要慢煎至兩面都呈現金黃色澤，最後加入鹽巴、胡椒來調味。

為了不讓培根煎到燒焦，要將其放到馬鈴薯上面避難！

食材（2人份）

事前準備

- 馬鈴薯……2顆（300g）
- 培根……2片 → 切成1cm寬度
- 大蒜……1瓣 → 去除發芽部位、切成薄片
- 橄欖油……2小茶匙
- 奶油……10g
- 鹽、胡椒……各少許

(MEMO)

圓形切片具有完美口感又可以輕鬆煎好，依照喜好切成片狀和1／4圓切片也OK。

麥年式香煎與漢堡的完美結合！

馬鈴薯裹起司粉

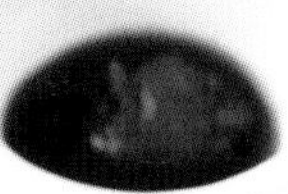

1人份 86kcal　烹飪時間 15分鐘

食材（2人份）

馬鈴薯（男爵品種）……2顆（300g）
➔切成4等分

Ⓐ 粉狀起司……2小茶匙
胡椒……少許

在鍋子裡
晃來晃去的滾動
並裹上起司粉

① 水煮

單柄鍋放入馬鈴薯、蓋過食材的冷水、1.5小茶匙的鹽巴（份量外），以大火加熱。沸騰之後轉成中火繼續汆燙約8分鐘，水煮至可用竹籤順利穿透後，用鍋蓋瀝乾水分。

將鍋蓋稍微錯開，瀝乾至沒有水分滴出來為止。

② 灑上起司粉

鍋中加入A，以中火加熱。用手一邊壓住鍋蓋，一邊將鍋子稍微舉起加以搖晃，讓馬鈴薯在鍋內滾動，去除多餘的水分並裹上起司粉。

剉成細絲並煎到酥脆就是軟Q彈口

馬鈴薯麻糬

平底鍋
20cm

1人份 184kcal　烹飪時間 15分鐘

食材（2人份）

馬鈴薯……2顆（300g）
➔即將烹飪前才削皮和剉成細絲

Ⓐ 太白粉……1大茶匙
鹽……1/4小茶匙

麻油……1大茶匙

因為要利用馬鈴薯的黏性，
而不需將馬鈴薯沖水。
又因為容易變色，
要在即將烹飪之前
才剉成細絲。

① 製作內餡

剉成細絲的馬鈴薯內加入A並予以攪拌。

② 煎燒

20cm的平底鍋內倒入2小茶匙的麻油，以中火加熱，接著將❶倒入。煎到呈現金黃色澤就翻面，並在內餡的周圍補上1小茶匙的麻油，等到油脂都被吸收即可稍加搖晃，讓背面也煎到酥脆。

③ 切塊

切成方便食用的大小並盛放餐盤，依照喜好可沾醬油、豆瓣醬等醬料食用。

菠菜

因為富含會形成雜質的成分，也就是草酸，所以在用於水煮或涼拌料理時，需汆燙過後再用水沖洗。熱炒料理的話，油脂可以軟化雜質，簡單的清蒸料理也OK，在黃綠色蔬菜中，具有絕佳的營養價值。

處理方式的訣竅

用水沖過之後再清洗

先將根部浸泡在清水中約5分鐘左右，在水中晃動清洗，讓泥巴徹底掉落。等到根部清洗乾淨之後就換水，接著清洗菜葉。

只將前端的根部切掉

為了不讓菜葉變得破破碎碎，只將根部的前端切掉，刻上十字形（較細的是刻上一字形）的刻痕，讓加熱變得均勻。

這裡刻上十字形

花一點時間進行水煮，吸收高湯滋味呈現高雅口感

水煮菠菜

平底鍋 26cm ｜ 1人份 47kcal ｜ 烹飪時間 12分鐘

※扣除浸泡醬汁時間

食材（2人份）

事前準備

菠菜……1把（200g）→將根部前端切掉，刻上十字形的刻痕

Ⓐ［預先攪拌好］

- 高湯……6大茶匙
- 醬油、味醂……各2小茶匙
- 鹽……1／5小茶匙

柴魚片……少許

〔MEMO〕

想要立刻享用的話，可將高湯、醬油各1大茶匙和味醂1／2大茶匙一起攪拌之後，淋在汆燙好的菠菜上喔。

1 汆燙

因為是使用平底鍋汆燙而非常簡便！

以莖→葉的順序放入熱水中

【🔥🔥🔥 大火】

從上往下緊緊的握住擰乾

平底鍋將1.5l的熱水以大火煮至沸騰，加入1.5小茶匙的鹽巴（份量外）。在大碗內裝入冷水備用。

將菠菜的莖部以下放入水中汆燙約30秒，接著連葉子也一起放入，一起汆燙約1分30秒左右。放上濾網，迅速的浸泡到冷水中。接著將每一株的根部一起拉起，徹底擰乾以瀝乾水分。

2 淋上沾醬

❶隨意切成4cm長度，並再次擰乾以去除水分。盛放於烤盤，淋上Ⓐ，靜置約1小時左右，吸收醬汁的滋味。

3 盛放於餐盤，灑上柴魚片。還可以灑上白芝麻顆粒，最後淋上殘留烤盤上的Ⓐ。

用芝麻和大蒜的香氣帶出濃郁感

韓式涼拌菠菜

平底鍋 26cm

1人份	烹飪時間
62kcal	15分鐘

食材（2人份）

菠菜……1把（200g）
➔ 將根部前端切掉，刻上十字形的刻痕

大蒜……1／2瓣
➔ 去除發芽部位並磨成泥狀

蔥……7cm（20g）
➔ 預先切成碎末

A［預先攪拌好］
- 白芝麻粉、麻油、醬油……各1小茶匙
- 鹽……一小撮
- 胡椒……少許

韓式涼拌是用手攪拌會比使用筷子，更能讓菠菜均勻入味，也會更加美味。

1 汆燙

菠菜放入加有1.5小茶匙鹽巴（份量外）的熱水中汆燙（請參考右頁）。將水分擰乾，切成3cm長度。

2 涼拌

在大碗內放入A、大蒜、蔥一起攪拌。接著放入菠菜，用手攪拌混合。

［MEMO］

覺得將大蒜磨成泥狀很麻煩的話，使用市售的管狀包裝蒜蓉醬來替代也沒有問題。

汆燙→熱炒，只要1個平底鍋就能搞定♪

奶油菠菜

平底鍋 26cm

1人份	烹飪時間
84kcal	10分鐘

食材（2人份）

波菜……1把（200g）
➔ 將根部前端切掉，刻上十字形的刻痕，切成4cm長度

沙拉油……1小茶匙

奶油……10g

完整玉米粒……1.5大茶匙（20g）

鹽……1／4小茶匙

胡椒……少許

先將菠菜炒好之後再來清蒸，即可省略沖水的程序。熱炒料理的話，就不需在意雜質的產生

1 汆燙

在平底鍋倒入沙拉油，以大火加熱，將菠菜的莖放入拌炒。拌炒約30秒左右，即可加入葉片一起攪拌，待整體都吸收油質之後，澆上1／2杯的冷水並蓋上鍋蓋。清蒸約1分鐘左右之後，用手按壓鍋蓋將熱水倒掉。

2 熱炒菠菜

再度轉為大火，稍微讓多餘的水分揮發，接著放入奶油和玉米一起拌炒，最後添加鹽巴、胡椒來調味。

小黃瓜

富含水分，又有清脆的口感，最適合作為沙拉、醃漬和熱炒料理使用。除了切成小口或切絲之外，利用敲打方式使其破碎，或是隨意切塊，都會呈現不同的口感，但卻一樣都能完美入味。表面有明顯突起的最為新鮮。

處理方式的訣竅

切成小片時刀刃要向內

切成一口大小的時候，秘訣就是要將菜刀刀刃稍微向內傾。稍微帶有一點角度的話，小黃瓜就不會到處亂轉而乖乖的集中在側邊。

放入袋內直立保存

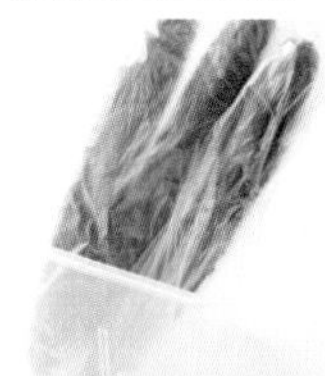

以蔬菜在菜園中成長的形式來保存是最為理想的。將小黃瓜放入塑膠袋，為使其透氣而不要封閉開口，以保存容器等裝好，放入蔬果保鮮室。

只要學會醋的搭配，就是醋類料理全能高手

醋漬小黃瓜

1人份	烹飪時間
20kcal	10分鐘

1 用鹽巴搓揉

用鹽巴輕輕抓捏小黃瓜約5分鐘，瀝除水分並徹底擰乾。

像是這樣的緊～緊的

2 攪拌

大碗內放入❶、海帶芽、吻仔魚，加入A一起攪拌。

食材（2人份）

事前準備

- 小黃瓜……1根 → 預先切成小口
- 鹽藏海帶芽……30g → 浸水泡發之後，洗乾淨、切成2cm寬度
- 吻仔魚……1大茶匙
- 鹽……1／4小茶匙
- A［預先攪拌好］
  - 醋……1大茶匙
  - 砂糖……1小茶匙
  - 醬油……1／4小茶匙

實物大小check！

小黃瓜

海帶芽 事前準備的訣竅

鹽藏海帶芽是依照包裝標示的泡水去除鹽分之後，洗乾淨切好。新鮮海帶芽直接切就OK。

可作為菜餚、小菜、還差1道時最活躍

涼拌薑味小黃瓜

1人份 55kcal　烹飪時間 5分鐘

食材（2人份）

小黃瓜……2根

生薑……1／2塊
➔磨成泥狀

Ⓐ［預先攪拌好］
- 麻油、醋……各2小茶匙
- 醬油……1小茶匙
- 鹽……1／4小茶匙

利用敲打製造裂痕增加小黃瓜的面積，會更容易入味

1 事前準備

將小黃瓜的前後兩端稍微切掉。用研磨棒之類的物品來敲打，出現裂痕之後，就用手來撕成方便食用的大小。

敲打的力道太大的話會整個破損。調整適度的力道，只要能夠出現裂痕即可。

2 攪拌

大碗內放入小黃瓜、生薑泥和A一起攪拌。盛放於餐盤，依照喜好灑上芝麻。

炒到全熟入味，熱騰騰小黃瓜的絕妙口感

小黃瓜炒鮪魚

平底鍋 26cm

1人份 103kcal　烹飪時間 8分鐘

食材（2人份）

小黃瓜……2根
➔隨意切段

鮪魚（油醃漬）……1小罐
➔去除多餘油脂

醬油……1小茶匙

胡椒……少許

小黃瓜稍微加熱過後依然十分美味！

1 拌炒食材

大火將平底鍋熱鍋，放入鮪魚拌炒。等到油脂被吸收後，放入小黃瓜一起拌炒約1分鐘左右。

2 調味

以畫圓方式淋上醬油、灑上胡椒來調味。

〔MEMO〕

以稍微縱長的方向來隨意切段的話，可以讓小黃瓜的接觸面變得較大而容易入味。搭配絞肉或培根一起拌炒也會非常美味。

南瓜

市場上經常推出販售的南瓜，是以軟嫩口感和自然甜味為特徵。從古代就傳說具有預防感冒的效果，是高度營養價值的蔬菜。除了燉煮或清蒸作為沙拉之外，煎出香甜滋味時又是不同的品味。

處理方式的訣竅

用湯匙來挖除種子

切成小塊之前，要先用較大的湯匙將種子和瓜囊去除，因為容易從種子部分開始腐爛，建議在購買之後就要立刻將其挖除。

像是要削皮一樣的切下

削皮的時候，將切口朝下放妥，用菜刀像是要削皮似的切下外皮會比較輕鬆。因為南瓜有確實放穩，就會比較容易施力。

讓甜味先行完全滲透，慢慢的燉煮

甜煮南瓜

單柄鍋具 16cm | 1人份 301kcal | 烹飪時間 20分鐘

1 加入砂糖熬煮

【大火】

【小火】

將南瓜在不會重疊的狀態下放入鍋內排列，添加可以蓋過食材的冷水（份量約為1杯）。以大火加熱，沸騰之後即轉微小火、放入砂糖，蓋上小於鍋具的鍋蓋（參考p.98）熬煮約7分鐘左右。

砂糖先放！
就能讓煮好之後的
甜味展現差別喔

2 繼續燉煮

【小火】

放入味醂、醬油和鹽巴，蓋上小於鍋具的鍋蓋繼續熬煮約5分鐘左右。

煮好之後的湯汁
約會減少
3～4成左右。

食材（2人份）

南瓜……1/4顆（淨重400g）

事前準備

→ 去除種子和瓜囊，切成3～4cm大小。
將各處的外皮削除，去除邊角（參考p.157）。

砂糖……4大茶匙

味醂……2大茶匙

醬油……1大茶匙

鹽……1/3小茶匙

實物大小check！

南瓜
3～4cm

將各處的外皮削除，
不但能更容易入味，
外觀也顯得美麗

使用微波爐加熱就不會變得湯湯水水

南瓜沙拉

微波爐

1人份	烹飪時間
276kcal	20分鐘

食材（2人份）

南瓜
……1／4顆（淨重400g）
➔ 去除種子和瓜囊，切成3cm丁狀

洋蔥……1／4顆
➔ 橫向對半切開，沿著纖維切成薄片

鹽……1／4小茶匙

胡椒……少許

美乃滋……2大茶匙

外皮也能美味享用，如果不敢吃，也是可以削皮喔

1 使用微波爐加熱

南瓜放入耐熱器皿，包上保鮮膜，用微波爐（600W）加熱約7分鐘左右。取出放入大碗，趁熱用叉子搗碎，灑上鹽巴和胡椒。

2 攪拌

洋蔥浸泡水中約2分鐘以去除辛辣，徹底瀝乾水分。等❶的熱度冷卻之後，加入洋蔥和美乃滋加以攪拌。

切成薄片，慢慢的煎到香脆

香煎南瓜

平底鍋 26cm

1人份	烹飪時間
158kcal	12分鐘

食材（2人份）

南瓜
……1／8顆（淨重200g）
➔ 去除種子和瓜囊，切成5mm厚度

培根……1片
➔ 切成1cm寬度

沙拉油……2小茶匙

咖哩粉……兩小撮

鹽、胡椒……各少許

如果無法將南瓜切得太薄，切得厚一點也OK。只要加入少許清水、蓋上鍋蓋，以小火來水煎，一樣可以煮熟喔

1 香煎南瓜

平底鍋內放入沙拉油，以中火加熱，將南瓜兩面分別3分鐘，煎到熟透並變得酥脆。

2 拌炒

加入培根一起拌炒，待培根煎到變得酥脆之後就灑上咖哩粉，並放入鹽巴和胡椒調味。

花椰菜

料理秘訣在於使用熱水汆燙過後，將花朵部位的水分徹底瀝乾。因為烹調方式簡便又富含維他命，是想要可以輕鬆製作並大量食用的蔬菜。深綠色、花朵部位茂盛的最為新鮮。

處理方式的訣竅

從連結花朵的部位切除

切成小朵的時候，從分枝的部位，也就是花朵的根部開始切下，一朵一朵的切下來。花朵較大的話，可再對半切開。

削除莖部的外皮

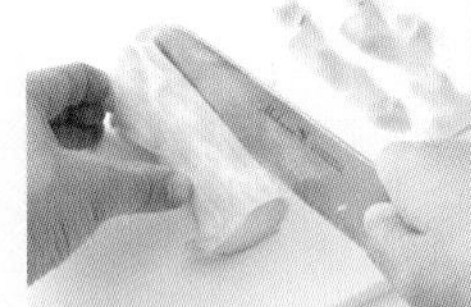

將莖部外側較硬的皮切除，就能夠食用。內部非常柔軟又很美味，也可以和花朵部分一起汆燙。

記住用紙類吸收水分的技巧！

花椰菜拌芝麻

雙柄鍋具 20cm | 1人份 133kcal | 烹飪時間 15分鐘

食材（2人份）

事前準備

花椰菜……1顆（淨重200g）→切成小朵、較大的花朵可再對半切開

A 白芝麻粉……2大茶匙
醬油……2小茶匙
砂糖……1小茶匙

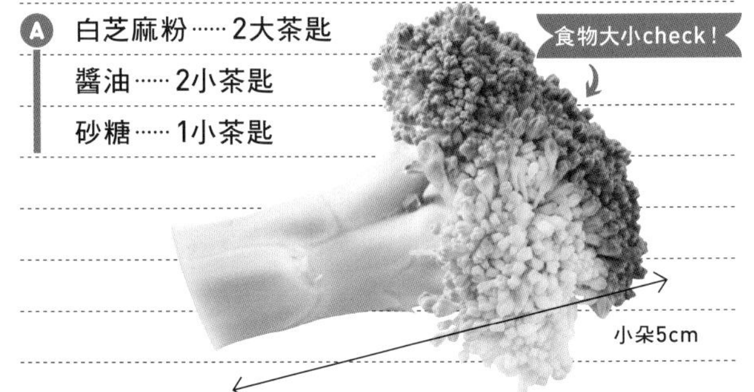

1 汆燙

【中火】

在鍋中將1.5l的熱水煮沸，放入1大茶匙的鹽巴（份量外），加入花椰菜以中火汆燙約2分鐘。

用濾網撈起，將花朵部位朝下排放於鋪有餐巾紙的烤盤上，等候冷卻。

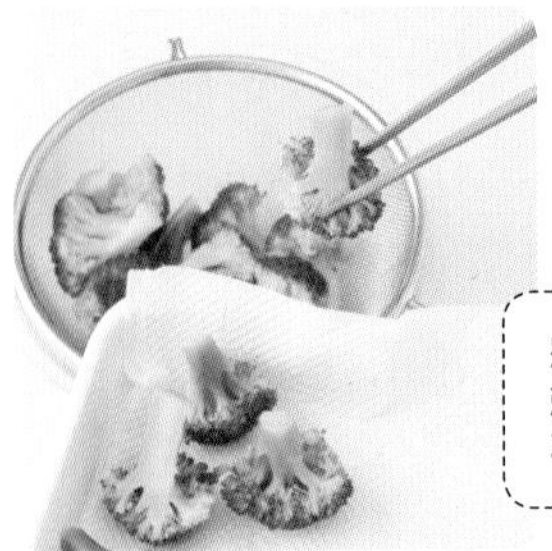

將花朵部位朝下的話，就能讓水分自然的流出，不會吃起來水水的

2 攪拌

將A放入大碗中攪拌、再放入花椰菜一起攪拌。

添加少許牛奶就能讓起司容易攪拌

花椰菜拌奶油起司

雙柄鍋具 20cm

1人份 222kcal

烹飪時間 20分鐘

食材（2人份）

- 花椰菜……1顆（淨重200g）
  → 切成小朵、較大的花朵再對半切開
- 奶油起司……50g
  → 放置於室溫
- 核桃……30g
  → 放到塑膠袋內隨意敲碎
- 牛奶……1小茶匙
- 鹽、胡椒……各少許

1 汆燙

將花椰菜放入添加1大茶匙鹽巴（份量外）的熱水中汆燙，瀝乾水分之後等候冷卻（參考右頁）。

2 攪拌

等待奶油起司變軟之後，加入牛奶攪拌，再放入花椰菜、核桃一起攪拌。添加鹽巴、胡椒來調味。

〔MEMO〕

也推薦使用蘆筍或豌豆來做為搭配的蔬菜。需要緊急使用的時候，可將奶油起司放置微波爐加熱10～20秒，就能夠快速變軟。

大蒜口味的油脂讓麵包粉變得酥脆

熱炒麵包粉花椰菜

雙柄鍋具 20cm

平底鍋 26cm

1人份 166kcal

烹飪時間 15分鐘

食材（2人份）

- 花椰菜……1顆（淨重200g）
  → 切成小朵、較大的花朵再對半切開
- 大蒜……1瓣
  → 去除發芽部位、切成碎末
- 切成小口的紅辣椒……1／3根
- 麵包粉……2大茶匙
- 奶油……15g
- 橄欖油……1大茶匙
- 鹽、胡椒……各少許

1 汆燙

將花椰菜放入添加1大茶匙鹽巴（份量外）的熱水中汆燙，瀝乾水分之後等候冷卻（參考右頁）。

2 熱炒

在平底鍋內放入奶油、橄欖油、大蒜、紅辣椒，以中火加熱。出現香氣之後添加麵包粉，炒至出現金黃色澤。放入花椰菜拌炒使其均勻沾上麵包粉，添加鹽巴、胡椒調味。

起鍋時依照喜好灑上起司粉也很美味喔

處理方式的訣竅

蒂頭只有較硬的前端

蒂頭只有前端小小的部分，小心不要切除過多。只要切除蒂頭，乾癟的葉片可用手剝除。

切好之後要立即烹飪

切口接觸空氣之後就會變色。切好之後要立即用油拌炒等方式予以烹飪，只要立即烹飪，就不需要汆燙和處理雜質。

茄子

清淡又無特殊氣味，和各種油品都相容，最適合熱炒或熱炒、燉煮。此外，做成香煎茄子或清蒸茄子等簡單料理也是美味享用的方法之一。手感沉重且有彈性，就是新鮮的證據。

將外皮煎至略焦有彈性為止

香烤茄子

烤魚用烤盤 | 1人份 41kcal | 烹飪時間 20分鐘

1 事前準備

使用菜刀依照箭頭部位將茄子切下，只將蒂頭的乾癟部分（葉片）切下，用叉插子刺出5～6處開孔。

刺出開孔是為了要防止破裂

2 燒烤

【大火】

在預熱過的雙面燒烤的烤魚用烤盤上排列茄子，期間要一邊翻面一邊用大火烤約10分鐘左右。單面烤約12～13分鐘。要烤到表面變得皺皺的，用筷子按壓會留下痕跡的程度。

外皮變得焦黑就OK！

3 剝除外皮

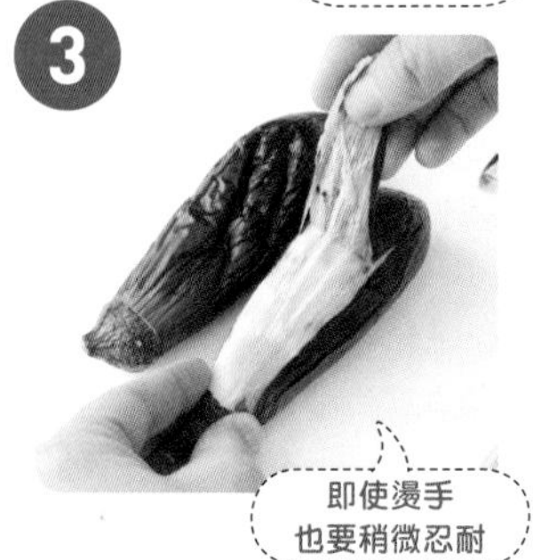

將茄子趁熱從蒂頭的切口將外皮剝除。將蒂頭切下，以縱向的長形對半切開，盛放於餐盤。添加生薑、柴魚片，淋上醬油。

即使燙手也要稍微忍耐

食材（2人份）

事先準備

- 茄子……3根
- 生薑……1瓣 → 削除外皮並磨成泥狀
- 柴魚片……1袋（5g）
- 醬油……2小茶匙

【MEMO】

以帶皮狀態香烤茄子，可利用茄子富含的水分來蒸烤茄子，呈現濃郁的口感。淋上市售的義式沙拉醬或青紫蘇的醬汁也會非常美味喔。

在吸收培根甜味的同時煎烤

牛奶茄子培根捲

平底鍋 26cm

1人份	烹飪時間
150kcal	15分鐘

食材（2人份）

- 茄子……2條
  - ➔將蒂頭切除、剝除外皮以縱向對半切開
- 培根……2片
  - ➔切成一半的長度
- 奶油……5g
- 牛奶……3／4杯
- 鹽、胡椒……各少許

❶ 製作培根捲

用培根包起茄子，捲起的尾端使用牙籤固定。

❷ 先煎再煮

在平底鍋內加熱奶油使其融化，放入❶將整體煎到酥脆。加入牛奶，以小火熬煮約5分鐘，添加鹽巴、胡椒來調味。

〔MEMO〕

茄子的果肉呈現海綿的構造，具有容易吸收甜味的特性。將皮剝除後，不但容易加熱，也能加速味道的吸收。

使用油煎再來熬煮，就會顯得濃郁

茄子甘辛煮

平底鍋 26cm

1人份	烹飪時間
188kcal	18分鐘

食材（2人份）

- 茄子…3根
  - ➔將蒂頭切除，縱向對半切開
- 沙拉油……2大茶匙
- Ⓐ 高湯……1杯
- 酒、醬油、味醂……各1大茶匙
- 砂糖……2小茶匙

❶ 切入刀痕

在茄子切入淺淺的格子狀刀痕。

在外皮事先切下細細的刀痕，可以讓加熱和味道的吸收都變得更好。

❷ 熬煮

在平底鍋倒入沙拉油以大火加熱，將茄子的切口朝下香煎。煎到酥脆就翻面，將背面也煎過。淋上A、蓋上小於鍋具的鍋蓋，以中火熬煮約8分鐘，直至湯汁變少為止。

使用平底鍋烹調，可讓茄子平行排列，不會重疊喔！

牛蒡

具有獨特香氣和口感的食材，又有豐富的食物纖維。除了定番的醬燒牛蒡絲及和風熬煮之外，做成沙拉或涼拌也具有完美的口感。因為接觸空氣就會變色，重點就是切好之後要泡水。

處理方式的訣竅

使用菜刀刀背來將皮刮除

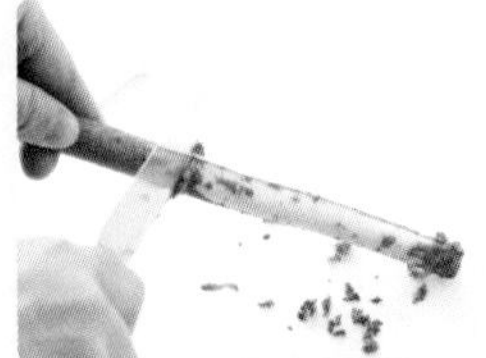

將泥巴沖洗乾淨之後，用菜刀刀背來將皮刮除。因為靠近皮的部分富含香氣和營養，只要輕輕刮掉的程度就好。

削成薄片時用削鉛筆的要領

削成薄片就用削鉛筆的要領，在轉動牛蒡的同時，像是〝剝竹葉〞般的薄薄削片。削片之後要立刻泡水才能去除苦味。

均勻切成細絲！仔細地炒香以吸收香氣

醬燒牛蒡絲

平底鍋 26cm | 1人份 141kcal | 烹飪時間 15分鐘

食材（2人份）

事前準備

- 牛蒡……1根 → 將外皮刮除（參考上述），切成4～5cm的細絲，浸泡水中
- 紅辣椒……1根 → 去除種籽
- 麻油……1大茶匙
- 醬油、味醂……各1大茶匙
- 白芝麻顆粒……適量

實物大小check！

牛蒡 4～5cm

1 瀝乾水分

將牛蒡置於濾網上，用餐巾紙包裹，將水分徹底的吸除。

2 拌炒

在平底鍋倒入麻油、紅辣椒，以中火加熱，接著放入牛蒡仔細的拌炒約3～5分鐘。加入醬油、味醂，拌炒至沒有水分為止。盛放於餐盤、灑上芝麻。

【中火】

仔細的拌炒均勻，直至牛蒡的內部也都入味為止！

切成薄片的汆燙就是沉穩、高雅的口味

牛蒡美乃滋沙拉

雙柄鍋具 20cm　1人份 99kcal　烹飪時間 15分鐘

食材（2人份）

牛蒡……1根
➔將皮刮除並削成薄片（參考右頁）、浸泡於水中

切成小口的青蔥……1大茶匙

A
美乃滋……1大茶匙
醋、砂糖、醬油……各1／2小茶匙
鹽……少許

牛蒡是要留有清脆感的程度，稍微汆燙煮熟即可

1 汆燙

在鍋中將1l的熱水煮至沸騰，放入2小茶匙的鹽巴（份量外），將牛蒡的水分瀝乾後放入，汆燙約2分鐘。盛放於濾網、等候冷卻。

2 攪拌

在大碗內放入牛蒡、青蔥和A一起攪拌。

（MEMO）

不擅長削成薄片的話，切成細絲也沒有關係。可依照喜好添加芝麻粉以帶來濃郁口感，或添加芥末來增加辣度。

拍打敲碎以增添口感、吸收香氣

牛蒡拌芝麻醋

雙柄鍋具 20cm　1人份 157kcal　烹飪時間 12分鐘

食材（2人份）

牛蒡……1根
➔將皮刮除（參考右頁），以橄麵棍拍打之後切成4cm寬度、浸泡於水中

A
白芝麻粉……2大茶匙
醬油、醋……各2小茶匙
味醂……1小茶匙
砂糖……1／2小茶匙

因為牛蒡較硬，大力的予以敲打是OK的！裂開之後就用菜刀切開

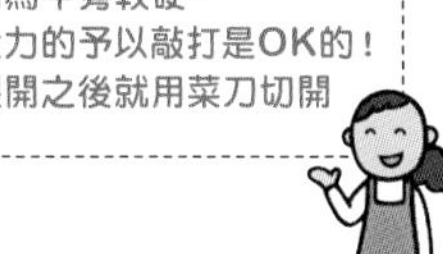

1 汆燙

在鍋中將1l的熱水煮沸、加入2小茶匙的鹽巴（份量外），放入2大茶匙的醋（份量外），將牛蒡的水分瀝乾之後放入，汆燙約4分鐘。置於濾網上、瀝除熱水。

2 攪拌

將A放入大碗內攪拌，並趁熱放入牛蒡一起攪拌，等候冷卻。

（MEMO）

將牛蒡放入添加醋的熱水中汆燙，就不容易變黑了。

處理方式的訣竅

香菇不需要清洗

清洗香菇會讓美味的成分也跟著流失。市場上販售的香菇都是使用菌床栽培的品種，髒污用紙類擦拭乾淨就OK。

香菇梗只限硬質的部分

香菇梗只有根部較硬的部位而已。注意不要過度切除。順帶一題，杏鮑菇和舞茸菇並沒有香菇梗的存在。

香菇

香菇的種類繁多，口味和香氣都具有獨特的個性。推薦使用多重種類混合使用，增添美味的口感。針對不同料理而予以煎出香氣、快速汆燙熬煮等等，活用食材的口感和風味來進行料理吧。

秘訣在於將香菇帶出充滿香氣的金黃色澤

醋漬香菇

平底鍋 26cm

1人份	烹飪時間
216kcal	20分鐘

1 拌炒香菇

在平底鍋內放入橄欖油、大蒜、紅辣椒，以中火加熱。出現香氣之後，放入鴻喜菇、杏鮑菇拌炒至出現香氣。淋上白酒並使其煮至沸騰。

【中火】

讓香菇煎出金黃色澤能讓美味度更加提升

2 攪拌

將食材移入大碗，趁熱淋上檸檬汁、鹽、胡椒一起攪拌。等候熱度冷卻之後，有的話可以添加切成碎末的荷蘭芹，放入冰箱冷藏。

調味需要趁熱進行

食材（2人份）

事前準備

- 鴻喜菇……1包 → 切除香菇梗並撥開
- 杏鮑菇……1包 → 切成4～5cm長的薄片
- 大蒜……1瓣 → 去除發芽部位並切成薄片
- 紅辣椒……1條 → 去除種籽並切成圓形切片
- 橄欖油……3大茶匙
- 白酒……1/4杯
- 檸檬汁……2大茶匙
- 鹽……1/4小茶匙
- 胡椒……少許

實物大小check！

杏鮑菇 4～5cm

用汆燙去除苦味，呈現清爽口味

梅干香菇

單手鍋具 16cm

1人份 96kcal

烹飪時間 20分鐘

食材（2人份）

鴻喜菇……1／2包
→切除香菇梗並撥開

香菇……3片
→切除香菇梗並切成薄片

金針菇……1／2包
→切除香菇梗
並切成一半長度、撥開

梅干……1顆
→去除種籽並用
菜刀仔細的敲碎

青紫蘇……2片
→預先切成隨意的切片

酒……1大茶匙

醬油……1.5小茶匙

味醂……1小茶匙

1 汆燙

用鍋子煮沸1l的熱湯後倒入酒、鴻喜菇、香菇、金針菇汆燙約30秒左右，置於濾網上使其冷卻。

2 攪拌

將青紫蘇、梅干、醬油、味醂一起放入大碗攪拌。將香菇的水分確實擰乾之後放入，一起攪拌。

因為香菇容易吸收水分，
為了不讓口味變淡，在汆燙過後
要確實的將水分擰乾之後
才能和調味料攪拌

煮出甜甜辣辣口味，也會帶來濃稠口感

佃煮香菇

單柄鍋具 16cm

1人份 33kcal

烹飪時間 12分鐘

食材（2人份）

香菇……6片
→切除香菇梗並切成薄片

金針菇……1包
→切除香菇梗
並切成一半長度、撥開

Ⓐ 酒……1／4杯
味醂、砂糖
……各1大茶匙
醬油……1.5大茶匙

1 熬煮

將A放入單柄鍋內煮沸，加入香菇、金針菇，以中火一邊加熱一邊攪拌，熬煮至香菇完全熟透且湯汁全部消失為止。

〔MEMO〕

在料理中加入金針菇，自然就會變得濃稠。其他包含鴻喜菇、杏鮑菇、舞茸菇等等，使用喜好的菇類烹調也OK。

人氣的口味也能在家輕鬆料理

徹底學會沙拉

想要每天都品嚐

健康又含有豐富維他命的沙拉料理，本書介紹的是會令人想要重複品嚐的3道人氣菜餚，即使沒有特殊的廚具也能輕鬆的煮出美味喔。而且因為是自己製作的，所以可以大量享用！

使用冷水幫助冷卻的話，綠色蔬菜會生意盎然

1人份	烹飪時間
70kcal	15分鐘

綠色蔬菜沙拉 with簡單的沙拉醬汁

［MEMO］

使用單1種類的綠色蔬菜雖然也不錯，但將各式各樣的口味和口感一起混合的話將會更加的美味。例如在舉辦宴會、購買較多食材時，請務必嘗試看看喔。

食材（2人份）

- 萵苣、綠色捲葉蔬菜、綠色蔬菜嫩葉等等 ……總計為100g
- 小黃瓜……1/2根
- 甜椒……1/4顆

A ［預先攪拌好］

- 橄欖油、檸檬汁……各1大茶匙
- 鹽……1/4小茶匙
- 胡椒……少許

沙拉醬汁的種類

只要學會基本的沙拉醬汁，
就能嘗試各種變化。
依照當天的心情來選擇！

用香料打造濃厚的美味度

凱薩沙拉醬

食材（2人份）

- 美乃滋……2大茶匙
- 粉狀起司、牛奶、檸檬汁……各1小茶匙
- 顆粒芥末醬、蒜蓉、伍斯特醬
……各1／2小茶匙
- 鹽、胡椒……各少許

所有的材料都要確實攪拌均勻。

具有濃度的濃稠口味

芝麻沙拉醬

食材（2人份）

- 美乃滋……2大茶匙
- 白芝麻醬、果醋醬油
……各1大茶匙
- 砂糖、白芝麻粉……各1小茶匙

所有的材料都要確實攪拌均勻。

以醬油為基底的清爽和風滋味

洋蔥沙拉醬

食材（2人份）

- 洋蔥……1／4顆 → 磨成泥狀
- 大蒜、生薑
……各1／2瓣 → 磨成泥狀
- 醋、醬油、沙拉油……各2大茶匙
- 砂糖……1小茶匙

所有的材料都要確實攪拌均勻。

1 浸泡於冷水中

將萵苣、綠色捲葉蔬菜、綠色蔬菜嫩葉一起浸泡於冷水約2分鐘左右，使其變得清脆。

置於濾網之上，將水分徹底瀝除，輕輕的使用握有餐巾紙的雙手來拿取蔬菜，吸收多餘的水分。

即使沒有沙拉專用的脫水器，這樣也OK！

2 盛放餐盤

盛入餐盤，灑上小黃瓜和甜椒。

3 淋上沙拉醬汁

將A徹底攪拌均勻作為沙拉醬汁，要吃之前再淋上。

攪拌好之後才盛放餐盤也OK

將沙拉和醬汁徹底攪拌完成之後，再盛放於餐盤也沒有關係。

這些也是要吃之前才放！

將油豆腐煎到香脆讓美味度提升

白蘿蔔和風沙拉

1人份	烹飪時間
135kcal	15分鐘

食材（2人份）

白蘿蔔……1／4根（300g
→削除厚厚一層外皮，切成細絲

豆苗……1／2包
→將根部切除，切成一半的長度

油豆腐……1片

A［預先攪拌好］

- 醬油、醋……各1大茶匙
- 味醂、麻油……各1／2大茶匙
- 鹽……少許

去除蝦子的苦味，用檸檬汁帶來清爽

鮮蝦酪梨沙拉

1人份	烹飪時間
272kcal	15分鐘

食材（2人份）

蝦子（小）……8條
→去除背後腸泥（參考事前準備對照表p.4）

洋蔥……1／4顆
→橫向對半切開後切成薄片。
浸泡水中去除嗆辣感後，將水分擰乾

酪梨……1顆

圓形切片的檸檬……1片

太白粉……1大茶匙

檸檬汁……1／2顆份

A［預先攪拌好］

- 美乃滋……1大茶匙
- 橄欖油……1小茶匙
- 蒜蓉……1／4小茶匙
- 鹽……1／4小茶匙
- 胡椒……少許

〈 鮮蝦酪梨沙拉 〉

1 汆燙鮮蝦

使用太白粉來抓捏蝦子，用水清洗乾淨。

用單柄鍋煮沸熱水，放入蝦子、圓形切片的檸檬，以中火汆燙約2分鐘左右。置於濾網上、將殼剝除。

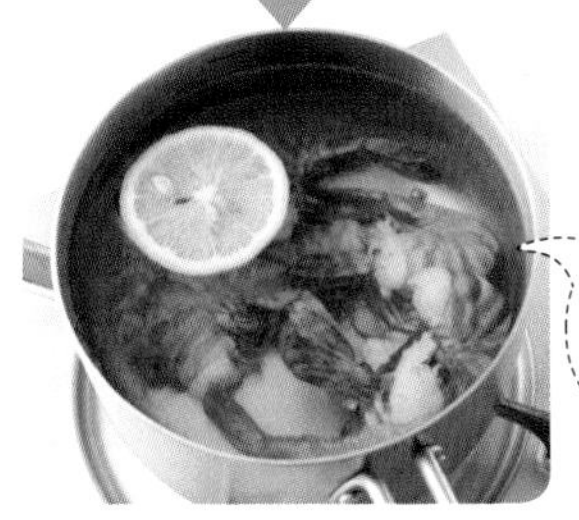

【中火】

2 將酪梨切塊

用菜刀在酪梨上以縱向劃上1圈刀痕，用手扭轉即可分成2半。使用菜刀的刀角插入種籽部位，將其挖除（參考p.148）。用菜刀的刀尖劃上一口大小的刀痕，使用較大的湯匙將果肉挖出。放入大碗內、淋上檸檬汁。

3 攪拌

在放有酪梨的大碗加入蝦子、洋蔥，淋上A一起攪拌。

〈 白蘿蔔和風沙拉 〉

1 香煎油豆腐

以中火將平底鍋熱鍋，放入油豆腐，用香煎鍋鏟按壓將兩面都煎到酥脆。

【中火】

橫向對半切開，再切成5mm寬度。

2 攪拌

將白蘿蔔、豆苗、油豆腐一起放入大碗，在要吃之前淋上A予以攪拌。

牛尾老師的特別授課

美味度UP↗的秘訣

白蘿蔔使用中間以上的部位

白蘿蔔的不同部位有著不同的辣度。中間以上的部位辣度較低，適合生食的沙拉料理。中間以下的部位則適合熬煮或味噌湯等料理。對半切開販售的白蘿蔔，請選擇上半段喔。

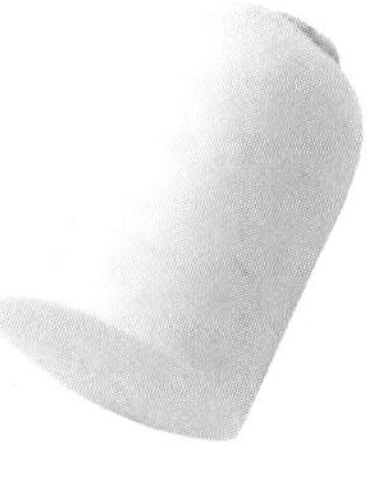

目測就能瞭解而令人安心！

100g的食材，究竟是多少呢？

依照食譜標示的不同，有時不是1根、1顆，而是以公克為單位來標示的。
能夠事先瞭解食材大概重量，就會很方便喔。

高麗菜	紅蘿蔔	馬鈴薯	洋蔥
1／4顆 300g	1根 150g	1顆 150g	1顆 200g
100g＝1／4顆的1／3	100g＝2／3根	100g＝2／3顆	100g＝1／2顆

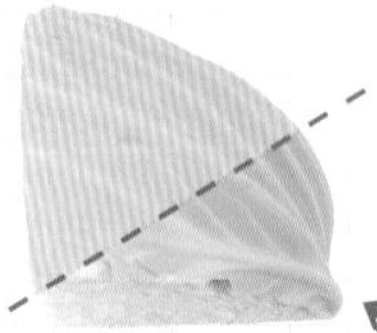

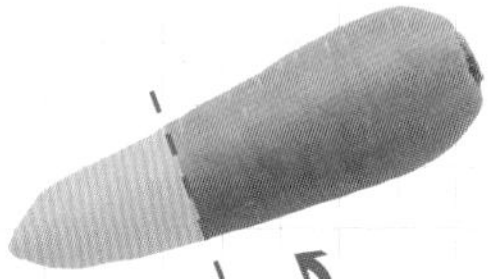

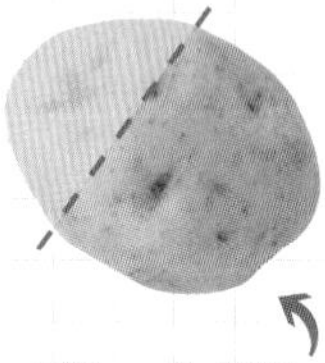

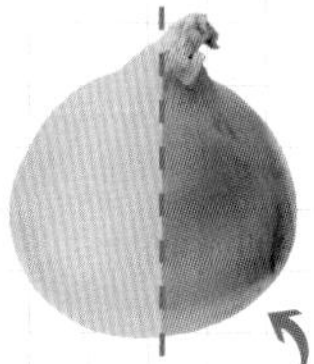

菠菜	南瓜	花椰菜	小黃瓜
1把 200g	1／4顆（淨重400g）	1大顆（淨重300g）	1根 100g
100g＝1／2把（約4～5株）	100g＝1／4顆的1／4	100g＝1／3顆 ＊小顆的話就是1／2顆	100g＝1根

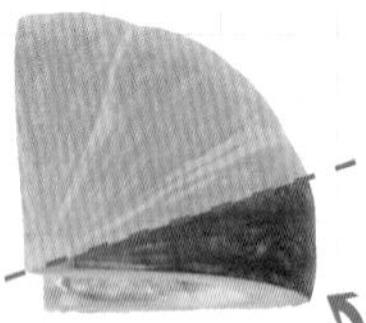

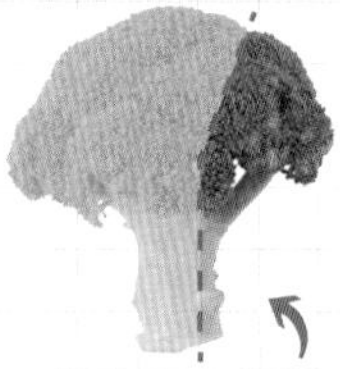

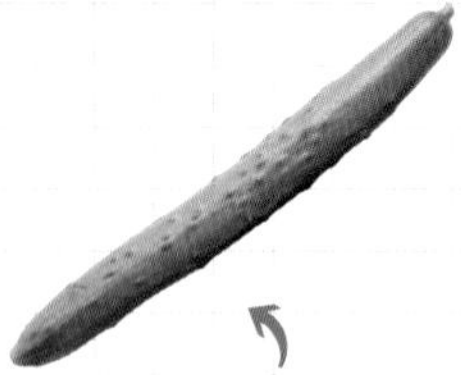

茄子	番茄	白蘿蔔	蔥
1顆 100g	1顆 200g	1／2根 500g	1株 100g
100g＝1根	100g＝1／2顆	100g＝1／2根的1／5	100g＝1株

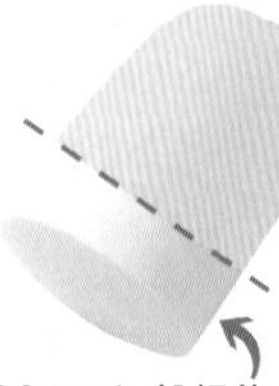

鮭魚	雞腿肉	雞胸肉	義大利麵
1塊 100g	1片 250g	1片 200g	1人份 100g
100g＝1塊	100g＝1／2片左右	100g＝1／2片	100g＝直徑1.7cm份 ＊約等同於寶特瓶瓶蓋的直徑大小

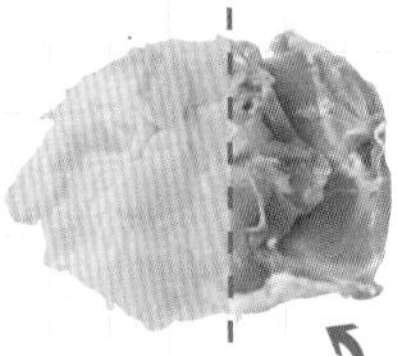

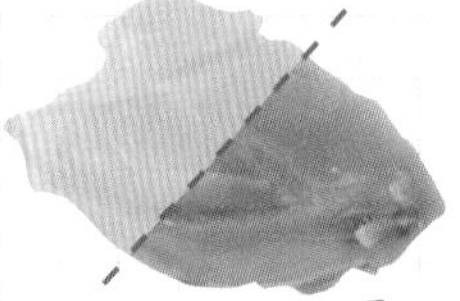

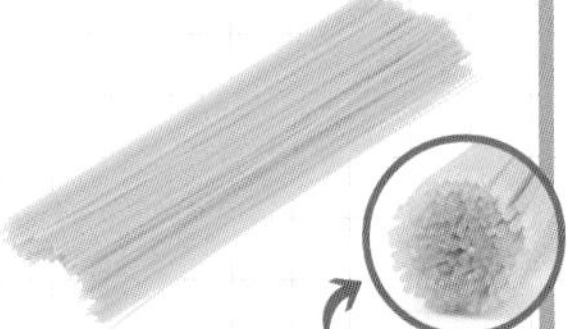

【 所謂淨重？ 】→ 蒂頭、外皮、種籽、莖部等硬質部位、罐頭的湯汁等等，
扣除這些不能食用的部分，所剩下的重量就是所謂的淨重。

Part 4

一道菜就能飽足！人氣的飯類・麵類・麵包

從白飯的烹煮方式、包飯糰的秘訣，到親子丼和蛋包飯等等，人氣的飯類料理全部介紹。建議像是早餐或午餐享用的三明治，和輕鬆就能做出的義大利麵等等，簡單又豐盛的料理也肯定會大活躍！只要配上沙拉或湯品，就能完成一餐。

確實遵守浸泡時間就會豐潤飽滿

1人份	烹飪時間
178kcal	105分鐘

白飯

食材（3人份）

白米……2杯（360ml）

關於白米的點點滴滴

炊煮免洗米的時候是？

免洗米是指經過特殊處理，不需要清洗、只要浸泡就能烹煮的米。使用的水量、浸泡時間和一般的白米都有所不同，需要特別注意。免洗米所需的水量，是1杯米（180ml）當中需要減少2小茶匙的米量，再配合電子鍋的刻度來加水。使用免洗米專用的量米杯也OK。至於浸泡時間，大致上的時間約為夏天的話是1小時、冬天的話是1小時30分鐘。

免洗米專用量米杯

減少2小茶匙份量的形狀

炊煮新米的時候是？

因為新米含有較多的水分，使用一般加水份量來炊煮的話，煮好的米飯會太過軟黏。每1杯的米，要減少1大茶匙左右的水量來炊煮，才會煮出豐潤飽滿的美味。

米的測量方式

烹飪料理時所使用的量杯容量是200ml，但測量米所使用的量杯容量則是180ml，使用電子鍋附贈的量米杯就沒有問題。測量的時候，將米放入量米杯，再用量匙的握柄之類的物品來將表面刮平就能正確的測量。如果米的測量不夠精準的話，水的計算就會不正確，而導致白飯出現太硬或太過軟黏的狀態。

○

NG

滿出量杯的狀態是不行！

清洗白米

將米放入較大的大碗內，一口氣裝入大量的水分，迅速的攪拌過後立刻將水倒掉。

接著繼續加水，用雙手撈起白米約10次左右加以清洗，將水分倒掉。重複此步驟3次左右，直到清洗的水分變成透明為止。

隨著水分從白米上排出的米糠容易附著於米上，導致炊煮的時候出現米糠的腥臭，所以清洗的第一道水要立刻倒掉

加入適當水分炊飯

將白米放入電子鍋的內鍋，將水注入至刻度2的高度。夏天的話浸泡30分鐘、冬天的話是1個小時之後再來炊煮。

煮好之後，用飯杓從底部向上大大攪拌，將空氣注入白飯中。在內鍋和蓋子中間鋪上餐巾紙以防止水滴滴入並蓋上鍋蓋，使其燜熱約10分鐘左右。

吃剩的白飯可將其冷凍予以活用

等待白飯冷卻之後，分裝成1餐食用份量，用保鮮膜包起，放入冷凍保存，要食用時使用微波爐加熱後剝開取出即可。請在2週內左右將其使用完畢。

壓成扁平的四方形，
即可有效率的收納在
冷凍庫的空間裡

使用鍋子炊煮時是？

在洗米和泡水完成之後，移至濾網上，讓水分徹底的瀝除。接著放到鍋中，以白米2杯（360ml）為例，要加水420ml並將白米放平，蓋上鍋蓋。一開始先用大火，沸騰之後轉成小火並繼續炊煮13分鐘。煮好之後關火，大大的攪拌後，再度蓋上鍋蓋，使其自行燜熱10分鐘左右後再食用。

亦可摻入雜糧混合物作為營養補給

雜糧混合物是將栗子、黍、麥、豆類等數種穀物磨碎混合而成的，富含維他命類、礦物質和食物纖維。將市售1次用量的個別包裝，加在洗好和加好水之後的白米內，只要炊煮即可輕鬆享用。使用需要和米一起清洗的類型的話，因為穀物較輕、容易流失，要特別注意。

將白飯以2個飯碗一起包起來

飯糰

1個份	烹飪時間
172kcal	5分鐘

食材（2個份）

溫熱的白飯……200g	梅干……2顆
鹽……適量	烤海苔……適量

牛尾老師's Advice

讓水分釋出過多的話，捏飯糰的時候會不好成形，要特別注意。使用指尖抓取2撮左右就是適當份量。

＼這樣的飯糰料理也非常推薦！／

小魚乾山藥泥昆布飯糰

1份 175kcal
烹飪時間 5分鐘

食材（2份）和製作方式

❶將剛煮好的白飯200g和1大茶匙的吻仔魚一起攪拌混合，依照飯糰的製作方式❶、❷的要訣來捏製。

❷將山藥泥昆布分成5g攤開，鋪上❶並將其捲起。

1 將白飯調整成形

準備兩個相同大小的飯碗。在其中一個裝入100g的白飯，並將另一個蓋於碗口上，用雙手上下晃動約10次左右，使白飯調整成形，方便捏製。

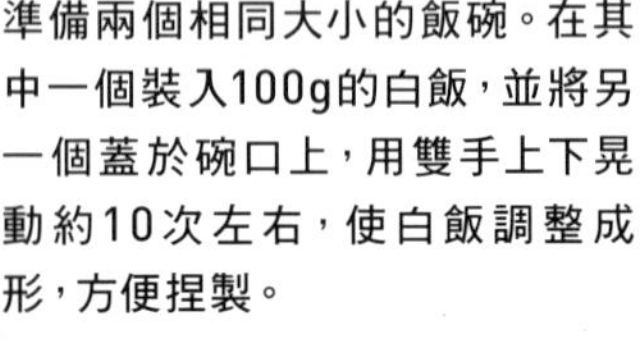

打開之後，就像是這樣

2 捏製

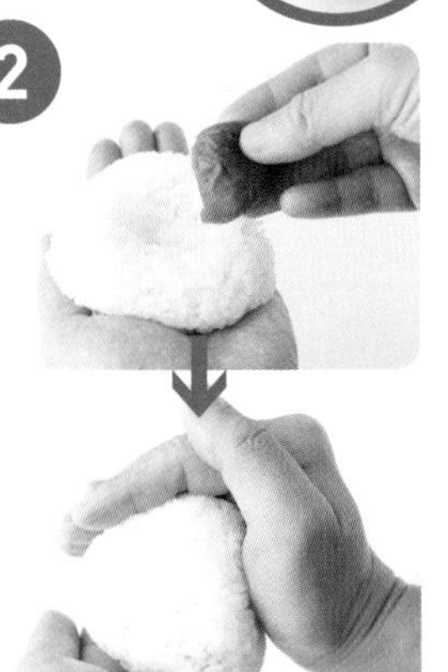

雙手用水沾濕，用2隻指尖抓取鹽巴放於手掌搓揉，使其溶於手掌。用手拿取白飯，將梅干壓入中心部位，輕輕調整將梅干包覆。使用手掌支撐飯糰的底部，用另一隻手捏出三角形的角度，並旋轉以將三邊的角度完成，裁切烤海苔捲起飯糰。

善用市售的包裝生魚片，讓食材的準備更簡單！

1人份	烹飪時間
617kcal	15分鐘

海鮮散壽司

還差1道！菜名導覽

燉煮高麗菜和油豆腐（p.101）
水煮菠菜（p.106）

食材（2人份）

事前準備

- 溫熱的白飯……400g
- 鮪魚（生魚片用）……50g → 切成1cm丁狀
- 鮭魚（生魚片用）……50g → 切成1cm丁狀
- 白肉魚類（生魚片用）……50g → 切成1cm丁狀
- 醬油醃漬鮭魚卵……30g
- 日式煎蛋……80g → 切成1cm丁狀
- 小黃瓜……1／2根 → 切成1cm丁狀
- 青紫蘇……3片 → 預先切成細絲
- 海苔絲……適量
- 白芝麻顆粒……1小茶匙
- A 醋……3大茶匙
- A 砂糖……1大茶匙
- A 鹽……1／4小茶匙

實物大小check！

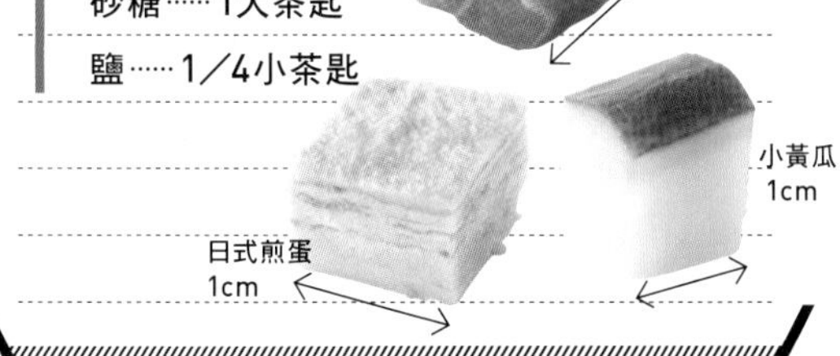

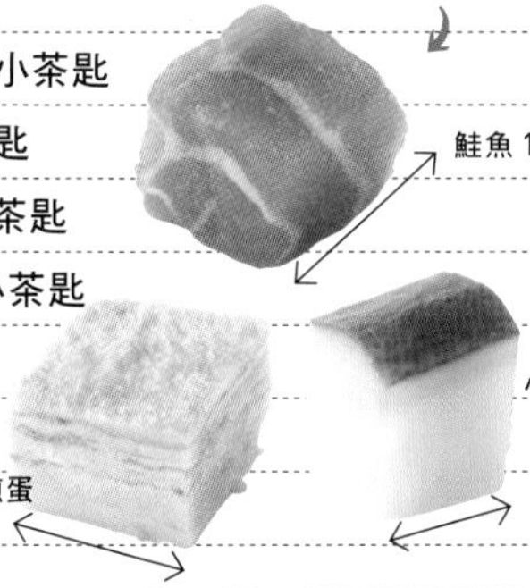

1 製作壽司用白飯

將A徹底攪拌均勻，做成壽司醋。將溫熱的白飯放入大碗內，以畫圓方式淋上壽司醋，用飯杓像是切開白飯般的攪拌均勻後，等待冷卻。

2 盛入餐盤

將❶盛入餐盤，灑上海苔、青紫蘇、芝麻，並將生魚片、鮭魚卵、日式煎蛋、小黃瓜鮮豔地排放其上。有的話還可以添加甜醋醬油。

依照喜好挑選鹹鮭魚的辣度

鮭魚香菇炊飯

1人份	烹飪時間
423kcal	110分鐘

※包含煮飯時間

還差1道！菜名導覽

涼拌薑味小黃瓜（p.109）
蛋花湯（p.147）

食材（3～4人份）

- 米……2杯（360ml）
- 鹹鮭魚……2切片
- 事前準備
- 鴻喜菇……1包 ➔ 切除香菇梗並撥開
- 昆布絲（乾燥）……5g
- Ⓐ 水……2杯
  - 酒、味醂、醬油……各1大茶匙
- 切成小段的青蔥…適量

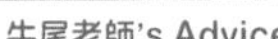

牛尾老師's Advice

昆布絲是沒有泡水回復也能使用的方便食材，亦可補充礦物質，常備家中會非常便利。

1 鋪上材料炊煮

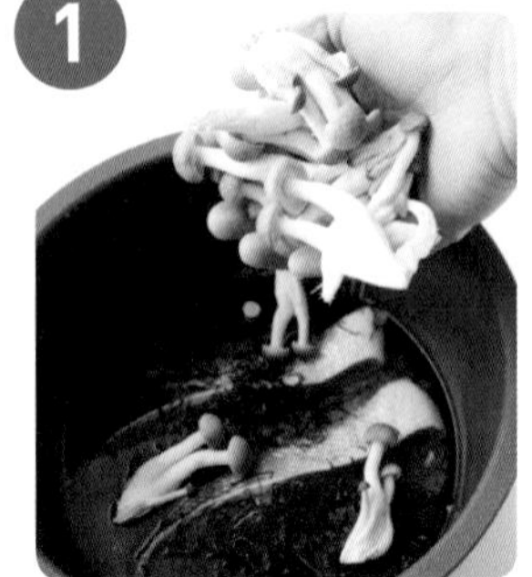

將米洗淨放入大碗內，注入可以蓋過白米的水量浸泡約30分鐘～1小時。以濾網將水分瀝乾後，移到電子鍋內鍋。將A混合均勻後加入，輕輕的攪拌，灑上昆布絲，鋪上鹹鮭魚、鴻喜菇，按照平常方式炊飯。

2 攪拌後燜熱

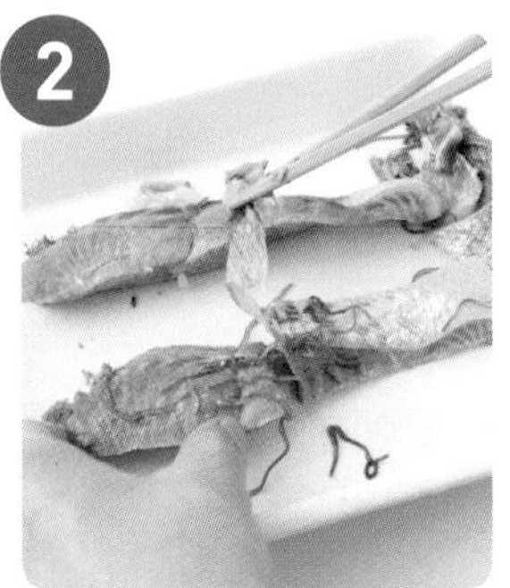

炊煮完成後將鮭魚取出，將魚皮去除、魚肉搗碎並取出魚骨。將魚肉放回鍋內快速的攪拌，繼續燜約10分鐘左右即可盛盤，灑上青蔥。

在半熟狀態將火關閉讓蛋汁濃稠

親子丼

1人份	烹飪時間
777kcal	15分鐘

還差1道!菜名導覽

佃煮香菇(p.119)
白蘿蔔和風沙拉(p.122)

食材(2人份)

事前準備

白飯……滿滿2杯

雞腿肉……1片(250g) → 切成3cm大小

洋蔥……1/2顆 → 切成縱向5mm寬度

鴨兒芹……10g → 大致切成3cm左右長度

蛋……3顆

A 高湯……3/4杯
味醂、醬油……各2大茶匙

實物大小check!

雞腿肉 3cm

洋蔥 5mm

1 熬煮搭配

【中火】

將A倒入直徑20cm的平底鍋,以中火加熱。沸騰之後放入雞肉、洋蔥,熬煮約5分鐘。

2 加入攪拌好的蛋液

【中火】

等到熬煮湯汁剩下一半左右時,即可打蛋攪拌、以畫圓方式淋上。蓋上鍋蓋煮約1分鐘左右變成半熟狀態之後,便可關火,倒入盛有白飯的餐具,灑上鴨兒芹。

用大火以最快的速度來拌炒

1人份	烹飪時間
533kcal	15分鐘

炒飯

還差1道！菜名導覽

香炒辣醬鮮蝦（p.80）
油豆腐與白蘿蔔燉菜（p.93）

食材（2人份）

事前準備

- 白飯……400g
- 火腿……3片 → 切成5mm丁狀
- 蔥（包含綠色的部分）……1／2根 → 隨意切成碎末
- 蛋……2顆 → 打蛋攪拌好
- 麻油……1大茶匙
- 鹽……2小撮
- 胡椒……少許
- 醬油……1小茶匙

實物大小check！

1 拌炒配料

【中火】→【大火】

使用平底鍋以中火加熱麻油後，放入蔥拌炒。出現香氣之後即轉成大火，加入火腿快速的拌炒，以畫圓方式淋上拌好的蛋液，接著立刻放入白飯。

2 攪拌混合並進行調味

【大火】

用木鏟像是切開白飯一般的予以攪拌，讓白飯和蛋液徹底融合，全部都吸收之後，稍微將平底鍋前後晃動的將白飯拌炒至呈現顆粒狀為止。灑上鹽巴、胡椒，將醬油沿著鍋緣以畫圓方式淋上，並快速拌炒。

只要鋪上煎成半熟狀態的煎蛋就好而非常簡單！

平底鍋 26cm　平底鍋 20cm

1人份	烹飪時間
752kcal	25分鐘

蛋包飯

還差1道！菜名導覽

花椰菜拌奶油起司（p.113）
綠色蔬菜沙拉（p.120）

食材（2人份）

事前準備

- 白飯……400g
- 雞腿肉……100g → 切成2cm丁狀
- 洋蔥……1／4顆 → 預先切成碎末
- 沙拉油……2小茶匙
- 白酒……2大茶匙
- A［預先攪拌好］
  - 番茄醬……5大茶匙
  - 伍斯特醬……1小茶匙
  - 砂糖、醬油……各1／2小茶匙
  - 鹽、胡椒……各少許
- B
  - 蛋……3顆
  - 牛奶……2大茶匙
- 鹽、胡椒……各適量
- 奶油……20g

牛尾老師's Advice

煎蛋的形狀稍微破損也沒有關係。煎得太熟的話會讓蛋煎得太硬，趁著半熟的狀態下盡快地鋪上去吧。

1 製作雞肉炒飯

【中火】→【大火】

在雞肉分別灑上少許鹽巴和胡椒。用26cm的平底鍋以中火加熱沙拉油，將雞肉炒熟，出現金黃色澤之後就移到側邊，利用空出來的部分拌炒洋蔥。煮熟之後加以攪拌並淋上白酒，煮沸之後再加入A一起攪拌。放入白飯，以大火拌炒混合、盛入餐盤。

2 鋪上煎蛋

【中火】

將B和少許的鹽巴、胡椒混合，製作蛋液。將一半份量的奶油放入20cm的平底鍋，以中火加熱融化後，倒入一半份量的蛋液。用塑膠刮杓大大攪拌3次，呈現半熟狀態後即可鋪至❶的上方。剩下的食材亦以相同方式製作。依照喜好可淋上番茄醬，有的話還可以灑上切成碎末的巴西里。

夾上配料後要輕輕放上加重物使食材融合

1人份	烹飪時間
633kcal	25分鐘

三明治2種

還差1道!菜名導覽

香煎南瓜(p.111)
義式蔬菜濃湯(p.144)

食材 (2人份)

事前準備

- 土司(三明治用)……8片
- 水煮蛋……3顆 → 將殼剝除後切成5mm丁狀
- 小黃瓜……1條 → 配合土司的長度切成長形,再以縱向切成薄片
- 火腿、片狀起司……各2片
- 奶油……20g → 事先放置室溫下使其軟化
- A 美乃滋……1.5大茶匙
- 芥末醬……1小茶匙
- 鹽……1小撮
- 胡椒……少許

實物大小check!

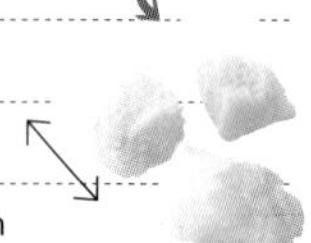

水煮蛋 5mm

牛尾老師's Advice

包好配料之後就立刻切開的話,會讓土司和配料解體。先以烤盤等不會壓壞土司的程度的加重物來幫助食材的融合吧。

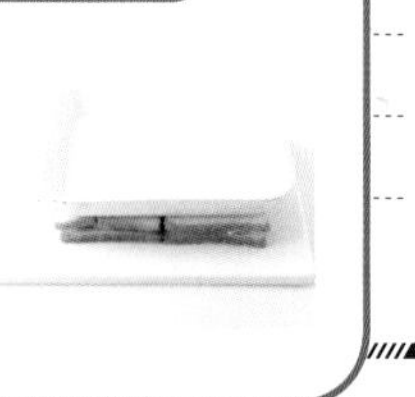

1 準備配料

在小黃瓜灑上少許鹽巴(份量外),出水之後就用餐巾紙來拭除。在大碗放入水煮蛋並淋上A加以混合。在土司的單面塗上奶油。

2 將配料夾入土司之間

將土司塗有奶油的一面朝上,在2片土司以起司、小黃瓜、火腿的順序疊上。另外2片是鋪上❶的水煮蛋,剩下的土司則是將塗有奶油的一面作為內側,分別疊上上述土司夾住配料。壓上烤盤等加重物等候約3分鐘,待食材融合即可切成方便食用的大小。

使用帶有土司邊的土司時,要將配料盡可能鋪滿土司。並在要切開之前先將土司邊切下

蔬菜的水分要確實的拭除

培根生菜番茄三明治

平底鍋 20cm　烤箱

1人份 420kcal　烹飪時間 20分鐘

還差1道！菜名導覽

醋漬香菇（p.118）
鮮蝦酪梨沙拉（p.122）

（2人份）

事前準備

- 土司（切成8片）……4片
- 培根……2〜4片 ➔ 較長的培根需切成一半長度
- 番茄……1顆 ➔ 去除蒂頭，以橫向切成7〜8mm寬度
- 萵苣……1片 ➔ 浸泡冷水使其保持清脆

A
- 美乃滋……2大茶匙
- 顆粒芥末醬、蜂蜜……各1小茶匙

牛尾老師's Advice

因為配料非常具有份量感，建議使用切成8片或6片的長條土司或圓形麵包，會比起一般三明治所使用的土司更好。

1 準備配料和土司

將番茄鋪在餐巾紙之上，吸收多餘的水分。萵苣適度浸泡過後瀝乾水分，用餐巾紙擦乾水分。以中火將平底鍋熱鍋，放入培根煎至兩面都酥脆為止。土司則放入烤箱烤好、在單面塗上A。

2 將配料夾入土司之間

將土司塗有A的一面朝上，其中2片以萵苣、番茄、培根的順序疊上。剩下的土司則是將塗有A的一面作為內側，分別疊上上述土司夾住配料。壓上烤盤等加重物等候約3分鐘，待食材融合即可切成方便食用的大小。

不讓蛋液結塊的迅速攪拌

雙柄鍋具 20cm　平底鍋 26cm

1人份	烹飪時間
988kcal	20分鐘

香煎培根奶油雞蛋義大利麵

還差1道！菜名導覽

甜味醃漬高麗菜（p.101）
紅蘿蔔細絲沙拉（p.102）

食材（2人份）

事前準備

- 義大利麵……200g
- 培根……4片 → 切成1cm寬度
- 大蒜……1瓣 → 去除發芽部位、預先切成碎末
- Ⓐ 鮮奶油……3／4杯
  - 起司粉……4大茶匙
  - 蛋黃……2顆份
- 橄欖油……2小茶匙
- 白酒……3大茶匙
- 鹽、胡椒……各少許

實物大小check！

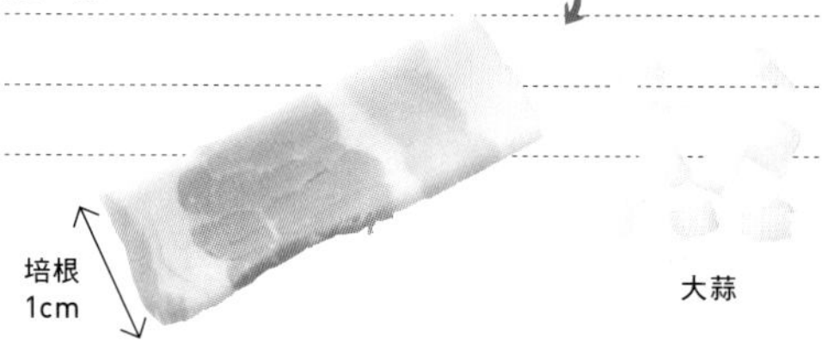

培根 1cm

大蒜

初學者小姐的SOS

請教教我如何處理剩下的蛋白！

牛尾老師's Advice

可以用來製作油炸物的麵衣

炸豬排等料理的麵衣，是使用蛋白來代替整顆蛋也沒有問題，或在製作日式煎蛋的時候拌入蛋液中使用也無妨。有製作甜點的人，也能用於戚風蛋糕和餅乾之上。如果沒有要立刻使用，可將每顆蛋白分別用保鮮膜包起放入冷凍庫保存，使用時放置室溫自動解凍。

氽燙義大利麵

在鍋內放入2l的熱水以大火加熱沸騰，接著放入4小茶匙的鹽巴（份量外）。為了不讓義大利麵的麵條黏在一起，放入鍋中的時候要整個攤開，用夾子使其迅速沉入水中，並以中火依照包裝上標示的時間予以氽燙。煮好之後放入濾網以瀝乾水分。

義大利麵是依粗細不同，煮熟所需的時間也會不同，請確實確認包裝上標示的所需時間後，再來氽燙

拌炒食材

將A的食材確實攪拌均勻。在平底鍋內倒入橄欖油、大蒜、培根，以中火加熱，等到培根開始釋出油脂並煎得酥脆之後，就倒入白酒並關火。

大功告成

立刻放入煮熟的義大利麵輕輕的攪拌，再加入A。關成小火並迅速的攪拌使其融合，灑上鹽巴調味。盛入餐盤，灑上胡椒。

加入A後要快速攪拌！
想像只有10秒左右的時間攪拌。
加熱時間過長
會變成軟爛的口感

為了不讓蝦子變硬要在中途暫時取出

雙柄鍋具 20cm　平底鍋 26cm

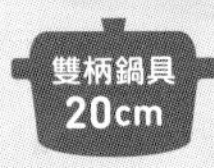

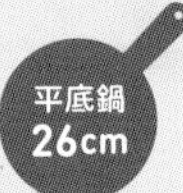

1人份	烹飪時間
684kcal	20分鐘

鮮蝦奶油紅醬義大利麵

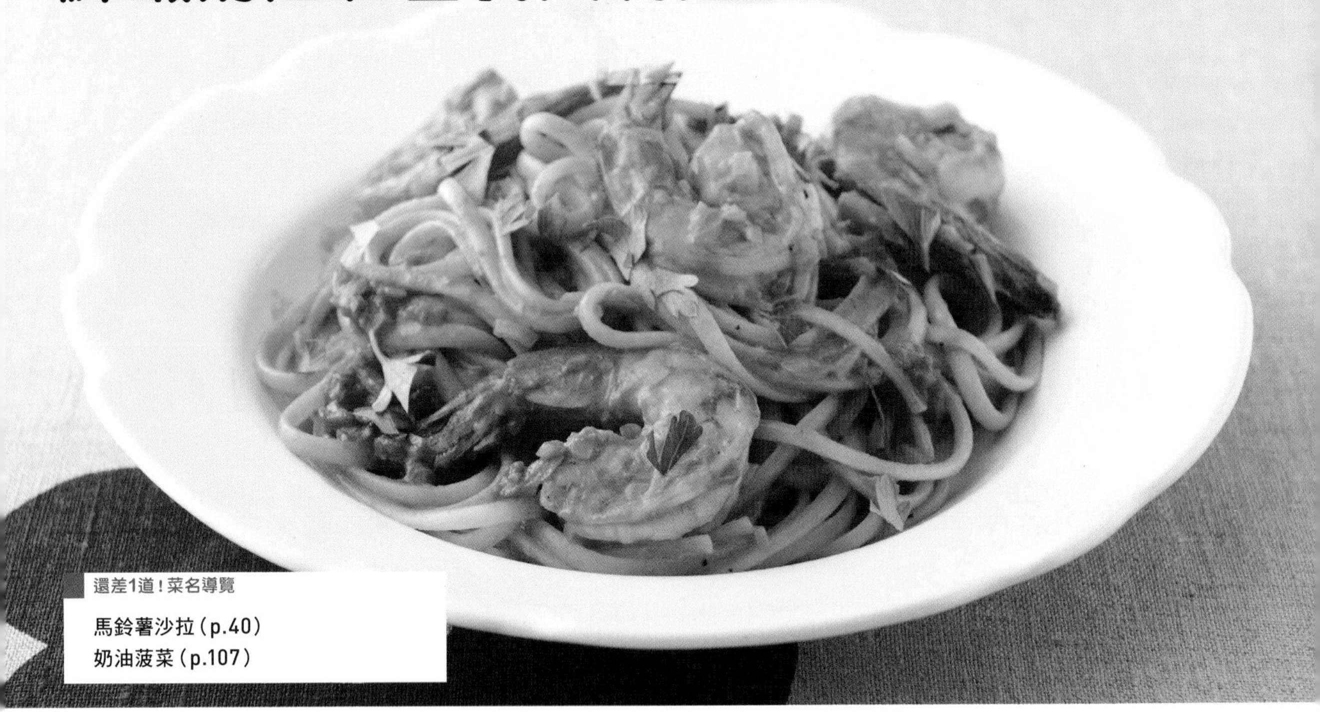

還差1道！菜名導覽

馬鈴薯沙拉（p.40）
奶油菠菜（p.107）

食材（2人份）

事前準備

- 義大利寬麵（或一般義大利麵）……200g
- 蝦子……8條 → 將殼剝除、在背後帶入刀痕去除腸泥
- 洋蔥……1／2顆 → 預先切成碎末
- 大蒜……1瓣 → 去除發芽部位、預先切成碎末
- 鹽、胡椒……各適量
- 橄欖油……4小茶匙
- 白酒……2大茶匙
- A 番茄泥……1／2杯
- 水……1／4杯
- 鮮奶油……60ml

〔MEMO〕

義大利寬麵是比切面為橢圓形的一般義大利麵更為扁平的長形義大利麵。適合搭配較濃的醬汁。

1 汆燙義大利寬麵、拌炒鮮蝦

【中火】

汆燙義大利寬麵（參考p.137❶）。在蝦肉灑上少許鹽巴、胡椒。於平底鍋倒入2小茶匙的橄欖油，以中火加熱，將蝦子兩面都煎過。淋上白酒稍微拌炒後即取出。

2 製作醬汁

在同一個平底鍋內倒入2小茶匙的橄欖油，放入大蒜以小火加熱。出現香氣之後轉成中火，加入洋蔥一起拌炒混合。炒至熟透時添加A，繼續熬煮約2分鐘左右。

3 起鍋

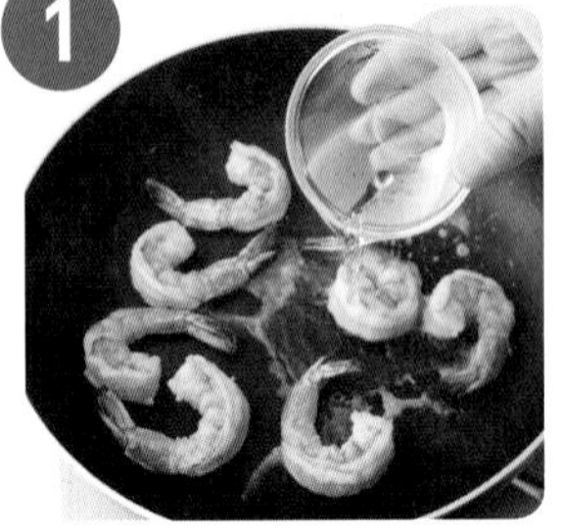

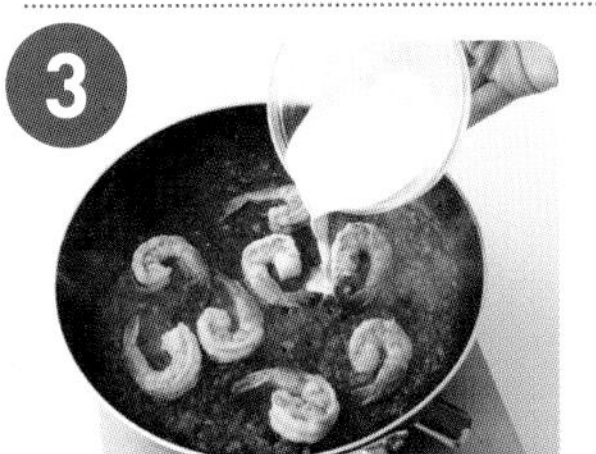

【中火】

煮到湯汁剩下一半左右即可將蝦子放回鍋內，倒入鮮奶油，以少許鹽巴、胡椒來調味，放入義大利寬麵加以攪拌。盛入餐盤，有的話可以灑上切成碎末的荷蘭芹。

混合2～3種喜好的香菇使用亦可

1人份	烹飪時間
557kcal	20分鐘

和風香菇義大利麵

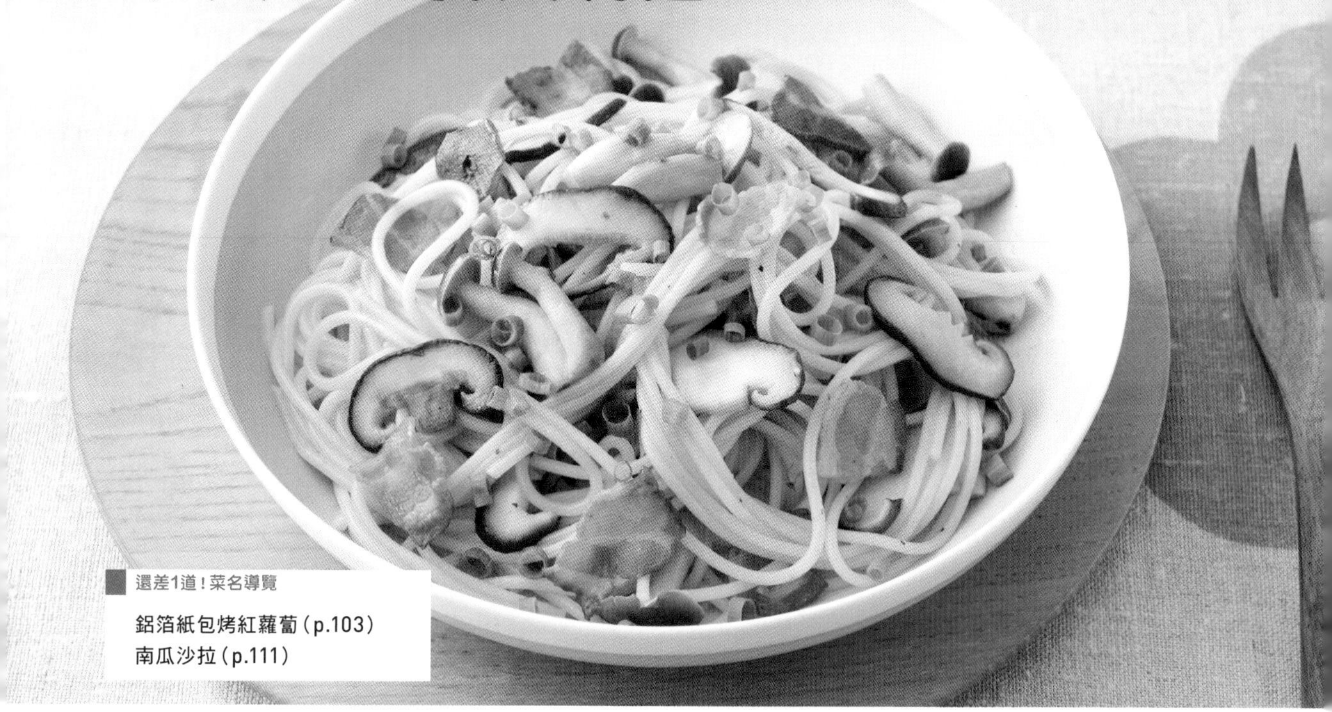

還差1道！菜名導覽

鋁箔紙包烤紅蘿蔔（p.103）
南瓜沙拉（p.111）

食材（2人份）

事前準備

- 義大利麵……200g
- 香菇……4片 → 切除香菇梗並切成薄片
- 鴻喜菇……1包 → 切除香菇梗並切成薄片
- 培根……2片 → 切成1.5cm寬度
- 大蒜……1瓣 → 去除發芽部位、橫向切成薄片
- 紅辣椒……1根 → 對半切開並去除種籽
- 橄欖油……1大茶匙
- 奶油……10g
- 醬油……1大茶匙
- 胡椒……少許

實物大小check！

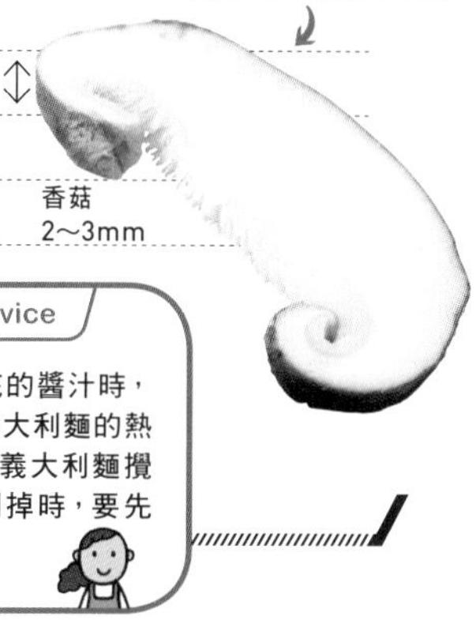

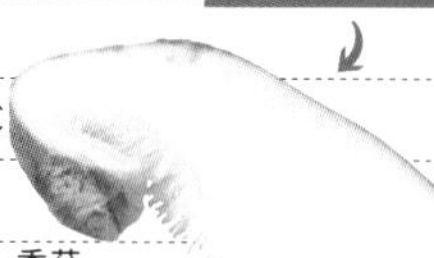

香菇
2～3mm

牛尾老師's Advice

使用以油脂作為基底的醬汁時，只要能夠活用汆燙義大利麵的熱水，就能幫助醬汁和義大利麵攪拌融合，在將熱水倒掉時，要先取出熱水備用喔。

1 汆燙義大利麵

汆燙義大利麵（參考p.137❶），取1／2杯汆燙過的熱水備用。

2 拌炒培根和香菇

在平底鍋內放入大蒜、紅辣椒、橄欖油，以小火加熱。待出現香氣之後轉成大火來拌炒培根。等到培根出現油脂之後即可添加奶油，融化之後再放入香菇、鴻喜菇一起拌炒。

3 烹調完成

【中火】

放入汆燙好的義大利麵，以中火拌炒混合，淋上取出備用的熱水、醬油、胡椒一起攪拌混合。盛入餐盤，有的話可以灑上切成小段的青蔥。

徹底學會沾醬・湯汁

日式・西式・中式的定番湯汁全部一一介紹。
只要附在主菜旁，就能輕鬆完成一道配菜。

加入味噌之後注意不要煮到沸騰溢出

豆腐海帶芽味噌湯

單柄鍋具 16cm

1人份	烹飪時間
53kcal	15分鐘

還差1道！菜名導覽

香炒雞肉（p.62）
炸豬排（p.68）

關於味噌點點滴滴

味噌含有豐富營養價值

製作味噌需要使用大豆，而大豆又含有豐富營養，如優質的植物性蛋白質、皂素、大豆異黃酮、卵磷脂、食物纖維、維他命E等等的豐富成分。此外，在味噌發酵的過程中，蛋白質受到分解，會大量產生能夠幫助身體活動所必須的氨基酸並幫助消化，亦有提高營養素吸收率的效果。

市面上亦可見附有高湯的味噌

因為可以縮短提煉高湯的時間，推薦給生活忙碌或覺得淬取高湯很麻煩的人。只要用熱水汆燙食材、等食材變軟之後就將放入攪拌溶解的味噌即可，但鹽分可能會較一般的味噌來得高，可以試著稍微減少一點用量，等試吃之後再來進行調整。

以米味噌的淡色味噌為使用基準

味噌的種類依照地區分成許許多多，大致的區分法是北海道、東北、關東、關西、四國等地為米味噌、九州地區為麥味噌、東海地區則以豆味噌最常拿來食用。而米味噌當中，不同地區又有鹹味和甜味的不同。本書所介紹的食譜，則是以販售於關東地區的淡色米味噌為基準來調配使用份量的。以此為基準，一邊試吃、一邊調整成喜好的濃度。

味噌湯的料理
真是深～奧啊

加入水中攪拌即可，不需使用高湯

海蜆味噌湯

1人份	烹飪時間
36kcal	10分鐘

※不含海蜆吐沙的時間

因為貝殼類海鮮的甜味豐富，沒有使用高湯也一樣美味

食材（2人份）

海蜆……150g

鴨兒芹……適量 → 切成1cm長度

味噌……1.5大茶匙

1 將海蜆輕輕沖洗，浸泡水中30分鐘～1小時使其吐沙。將外殼互相摩擦的予以清洗、瀝乾水分。

2 將海蜆、2杯水放入鍋內，以中火加熱熬煮約5分鐘，出現雜質就要將其撈除。待殼張開之後放入攪拌溶解的味噌，添加鴨兒芹，關火。

初學者小姐的SOS

貝殼海鮮沒有打開！這個是死掉的貝類嗎？

牛尾老師's Advice

即使活著也有可能不會張開

「加熱過後不會張開的就是死亡的貝類」這種說法是錯誤的。連結外殼的地方損壞的話，就不會張開。毋須勉強將其打開，品嚐流入湯汁中的精華即可。

豆腐海帶芽味噌湯

食材（2人份）

豆腐……1／4塊 → 放置餐巾紙之上以瀝乾水分、切成2cm丁狀

乾燥海帶芽……2g → 浸泡水中使其回復後，瀝乾水分

高湯……2杯

味噌……1.5大茶匙

實物大小check！

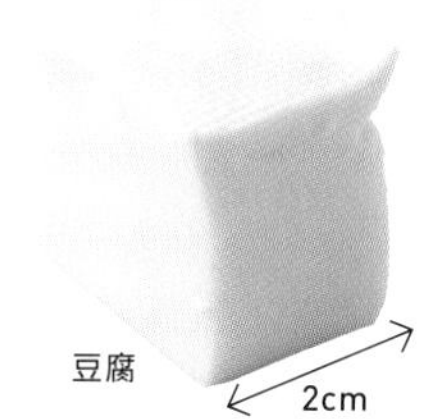

牛尾老師's Advice

用於味噌湯的時候，瀝乾豆腐水分的時候不需使用加重物。只要將豆腐置於鋪有餐巾紙的烤盤上約10分鐘左右即可。

1 **使用高湯熬煮食材**

將高湯倒入鍋中以中火加熱，放入豆腐、海帶芽熬煮約2分鐘左右。

使用大火高溫烹飪會使豆腐變得破碎

【 中火 】

如此就能完全溶解沒有結塊！

2 **溶解味噌**

將味噌放入較小的容器，舀起些許鍋內高湯加入，用筷子攪拌溶解。等待完全溶解之後再倒入鍋中，持續以中火煮至沸騰就立即關火。

【 中火 】

煮到完全沸騰的話，會讓味噌的風味消失殆盡

【 中火 】

將味噌分成2次加入，美味口感呈現

單柄鍋具 16cm | 1人份 259kcal | 烹飪時間 25分鐘

豬肉醬湯

還差1道！菜名導覽

鹽烤竹莢魚（p.74）
鰤魚佐照燒醬（p.82）

食材（2人份）

事前準備

豬肉薄切片……80g → 切成3cm寬度

白蘿蔔……60g → 削除厚厚一層外皮、切成5mm厚度的四分之一切片

紅蘿蔔……30g → 削除厚厚的外皮、切成5mm厚度的四分之一切片

牛蒡……1／2根 → 刮除外皮後切成5mm厚度的斜向切片

馬鈴薯……1顆 → 對半切開後、切成1cm厚度切片

蔥（包含綠色的部分）……1／3根 → 切成1cm寬度

麻油……1小茶匙

高湯……2.5杯

味噌……2大茶匙

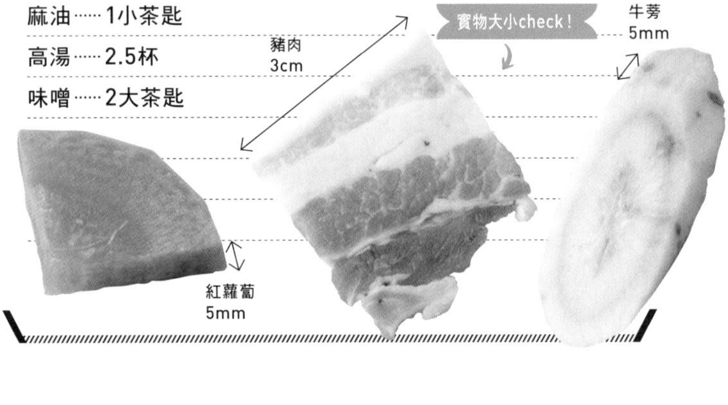

實物大小check！

牛尾老師的特別授課

美味度UP↗的訣竅

**建議使用
豬肉脂質較多的部位**

豬肉是五花肉或薄切肉片等等脂質分佈較多的部位會較為美味，利用熱炒釋放脂質，重點就是要拌炒到讓油脂的鮮味和甜味都轉移到蔬菜之上。

1

【 較強中火 】

【 較強中火 】

拌炒食材

用鍋子以較強的中火來加熱麻油、拌炒豬肉。等到豬肉變色之後，依序放入白蘿蔔、紅蘿蔔、牛蒡、馬鈴薯、蔥，並適度的予以拌炒混合。

食材是透過拌炒可以釋放香氣。此外，使用麻油拌炒會比沙拉油更能增添濃郁的口感，而能煮得更加美味。

2

【 較強中火 】

【 中火 】

熬煮

倒入高湯，沸騰之後要撈除雜質。轉成中火，將一半的味噌攪拌溶解放入（像是p.140味噌湯❷一樣，先使用其他容器來攪拌溶解也OK），蓋上鍋蓋，熬煮約8～10分鐘。

3

【 中火 】

烹調完成

等到蔬菜煮軟之後，再將剩下的味噌溶解加入，隨即關火。盛入餐碗，依照喜好灑上七味粉。

將食材切成統一的大小

義式蔬菜濃湯

1人份	烹飪時間
156kcal	25分鐘

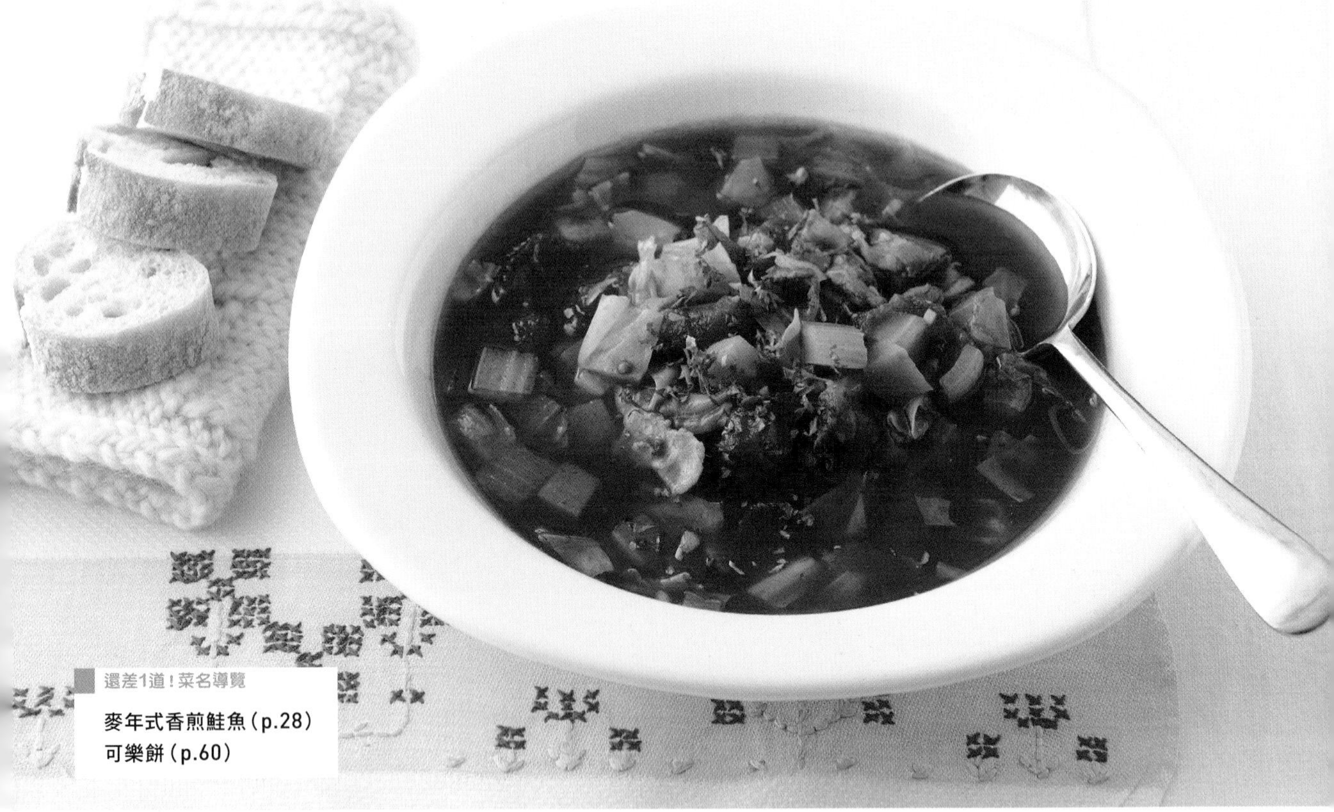

還差1道！菜名導覽

麥年式香煎鮭魚（p.28）
可樂餅（p.60）

食材（2人份）

事前準備

培根……2片 → 切成1cm寬度

洋蔥……1／4顆 → 切成1cm丁狀

芹菜……1／4根 → 去除纖維後切成1cm丁狀

紅蘿蔔……1／4根 → 將皮削除後切成1cm丁狀

高麗菜……100g → 切成1cm方形

大蒜……1瓣 → 去除發芽部位、預先切成碎末

橄欖油……2小茶匙

番茄罐頭（切好的類型）……1杯

月桂葉……1片

鹽……1／4小茶匙

胡椒……少許

切成碎末的巴西里……少許

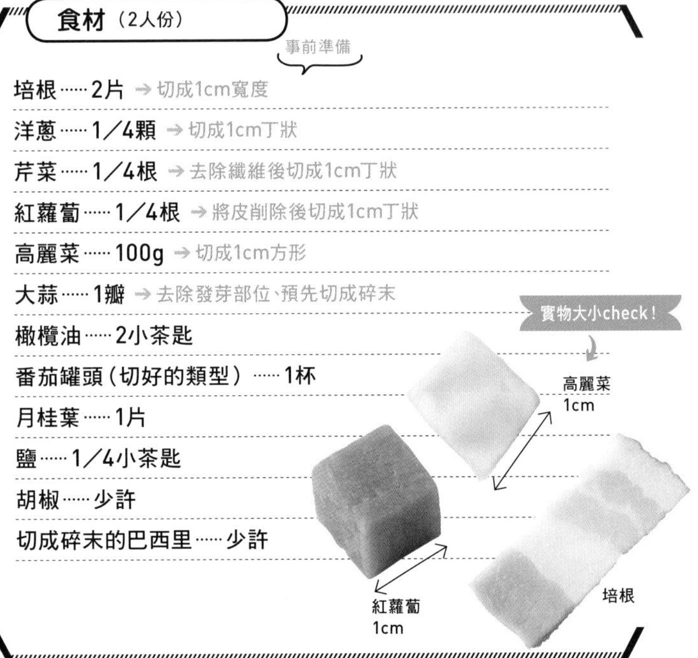

牛尾老師的特別授課

美味度UP↗的訣竅

亦可添加義大利麵烹煮

義式蔬菜濃湯原本是一道和義大利麵一起烹調的湯品。添加義大利麵，會讓美味度和份量感都一併提升。可以使用通心粉，或用折成短短的義大利麵來代替。放入水中煮至沸騰之後再加入湯內就好嘍。

【小火】→【中火】

【中火】

拌炒食材

在鍋內放入橄欖油、大蒜，以小火加熱，出現香氣之後轉成中火，放入培根一起拌炒。等待培根釋出油脂之後，依序加入洋蔥、芹菜、紅蘿蔔、高麗菜，並適度的拌炒混合。

【中火】

【小火】

煮熟

倒入番茄罐頭、1.5杯的水、月桂葉並蓋上鍋蓋。煮沸之後轉成小火，繼續熬煮約10分鐘。

亦可使用新鮮番茄來代替番茄罐頭使用喔，請將1顆番茄切成1cm丁狀來添加使用

【小火】

烹調完成

使用鹽巴、胡椒來調味。盛放於餐碗、灑上巴西里。亦可依照喜好添加起司粉。

使用香腸代替培根、添加綜合豆類也都OK！蔬菜是除了葉菜類之外都很合適，是想要清空蔬菜時的便利料理

單柄鍋具 16cm | 1人份 201kcal | 烹飪時間 20分鐘

中式玉米濃湯

還差1道！菜名導覽

青椒肉絲（p.69）
麻婆豆腐（p.86）

食材（2人份）

事前準備

- 蛋……1顆 → 徹底攪拌均勻
- 蔥……1／4根 → 預先切成碎末
- 玉米醬罐頭……1杯
- 牛奶……1／2杯
- 麻油……1小茶匙
- 雞粉……1小茶匙
- 鹽……1／4小茶匙
- 胡椒……少許

A［預先攪拌好］
- 太白粉……1小茶匙
- 水……2小茶匙

實物大小check！

牛尾老師's Advice

太白粉是需要加水攪拌，預先準備好用水溶解好的太白粉，但要加入鍋中的時候會是沉澱狀態，要使用時別忘了再度攪拌。

1 製作玉米醬湯底

【小火】→【較弱中火】

在單柄鍋內放入麻油、蔥，以小火加熱，待出現香氣之後，加入玉米罐頭、牛奶、3／4的水、雞粉，以較弱的中火加熱，加入鹽、胡椒調味。

2 勾芡

暫時將火關閉，將A攪拌過後加入。接著攪拌整鍋，再度開成較弱的中火，煮至沸騰之後就是勾芡的濃稠口感。

3 加入蛋液

【中火】

以畫圓方式淋上蛋液，用木鏟攪拌均勻，以中火稍微加熱之後即可盛入餐碗。有的話可以擺上香菜。

蛋液是彷彿畫線一般的一點一點慢慢加入

單柄鍋具 16cm

1人份 60kcal

烹飪時間 20分鐘

蛋花湯

還差1道！菜名導覽

薑燒豬肉（p.58）
蒲燒沙丁魚（p.84）

食材（2人份）

事前準備

蛋……1顆 → 徹底攪拌均勻

高湯……2杯

酒、味醂……各1小茶匙

醬油……1／2小茶匙

鹽……1／4小茶匙

A［預先攪拌好］

太白粉……1小茶匙

水……2小茶匙

牛尾老師's Advice

可以讓蛋液沿著筷子慢慢流入鍋中，但如果有開孔湯杓，只要讓蛋液通過開孔湯杓，就能做出柔滑又美麗的蛋花湯。

1 調味並且勾芡

【中火】→【小火】

在鍋中放入高湯，以中火溫熱。加入酒、味醂、醬油、鹽巴後轉成小火，一邊用筷子在鍋中攪拌，一邊將攪拌好的A加入，使其溶解。

2 加入蛋液

轉成中火，等待稍微沸騰之後，將攪拌均勻的蛋液沿著筷子以畫圓方式倒入，膨脹成為蛋花之後隨即關火。

事先勾芡完成的話，蛋液就不會下沉，而是呈現膨潤狀態

【中火】

徹底學會就能讓料理順利進行

切菜法&事前準備講座

使要確實依照食譜標示的切菜法和事前準備方式加以實踐，就能萬無一失的完成！也能夠讓美味度更加提升。

VEGETABLES

♥ 豌豆

〈 去除蒂頭和纖維 〉

將蒂頭朝較厚的一側方向折斷，直接向下拉以去除纖維。

♥ 小黃瓜

〈 條紋狀的將皮削除 〉

使用刨刀以縱向5mm寬度左右削除數道外皮。如此可以幫助入味，也能讓不喜歡小黃瓜味道的人變得容易嘗試。

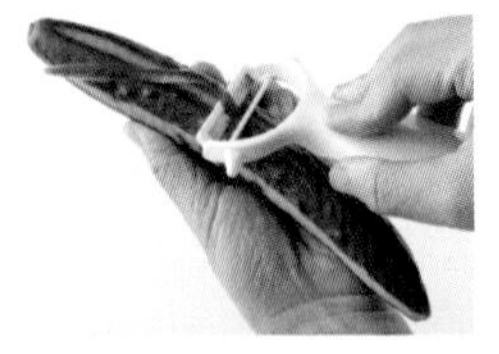

♥ 綠色蘆筍

〈 將葉鞘去除 〉

所謂的葉鞘，是呈三角形有如花萼般的部位。直接食用雖然也不錯，但以菜刀刮取去除，可讓口感變得更佳。

〈 尾端1／3的皮要削除 〉

尾端1～2cm左右因為充滿纖維又僵硬而需要切除。接著讓根部置於砧板上，以斜向拿取蘆筍，使用刨刀將尾端1／3的皮削除。

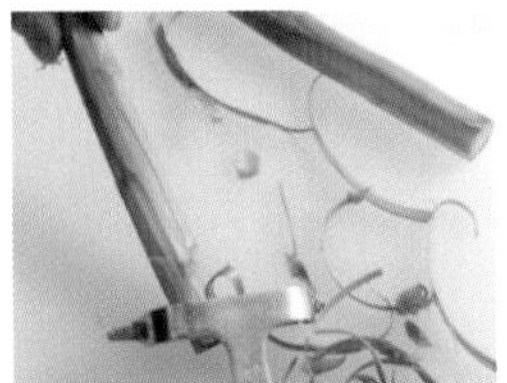

〈 清洗莖的底部 〉

莖和莖之間可能會滲入泥土，可放在水中以竹籤挑出的方式來清洗。

〈 整顆的狀態將皮削除 〉

將莖的部分朝下，一邊旋轉蕪菁一邊將皮削至莖部為止。

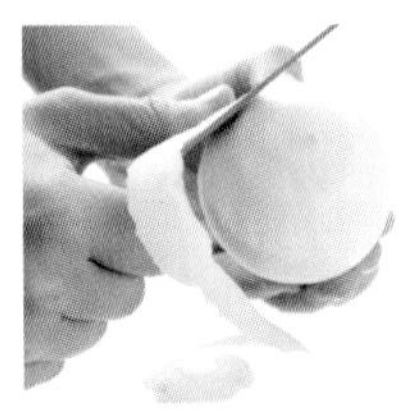

〈切成四瓣的狀態將皮削除 〉

縱向切成4瓣。每1瓣分別從果實的下方開始朝向連接莖部的位置以縱向將皮削除。

♥ 南瓜

〈 去除種籽和瓜囊 〉

種籽和瓜囊要用較大的湯匙以刮除的方式將其整個挖出。如果還有瓜囊殘留，就用湯匙來刮乾淨。

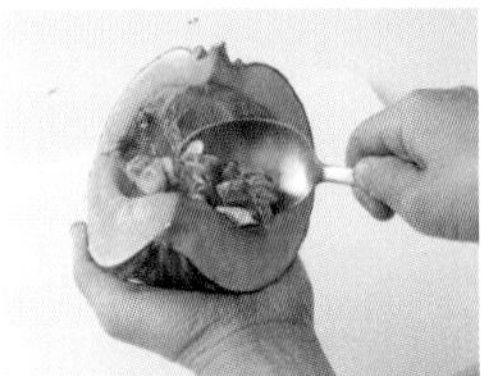

〈 將花萼削除 〉

將硬質的花萼周圍削掉一圈，就能讓切口部位更為美味。使用接近菜刀刀角部位會比較容易削除。

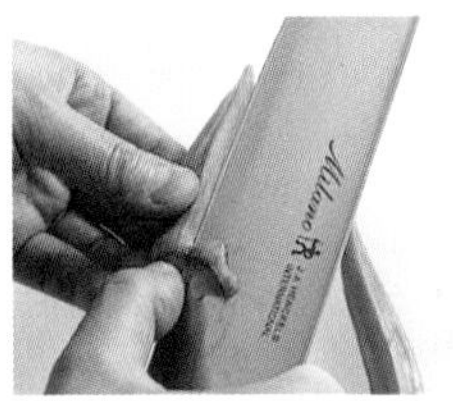

〈 將細毛去除 〉

快速的沖洗，一次拿取2～3支抹上鹽巴，用手指磨擦秋葵的表面以去除細毛。殘留細毛的話，會破壞口感。

♥ 蕪菁

〈 殘留些許莖部的切除 〉

按壓莖部，留下莖部長度約2cm左右的切除。切除部位適合用於熬煮，或想要裝點色彩的時候使用。

♥ 酪梨

〈 去除種籽將皮削除 〉

酪梨的中央部位具有大型的種籽，可在種籽周圍以縱向描繪一圈的方式使用菜刀帶入刀痕。將帶入刀痕的部分打橫，扭轉上部和下部即可剝開。

使用菜刀的刀角刺入種籽，轉動菜刀將種籽取出，用手剝除外皮。以縱向橫向分別畫出數道刀痕，用湯匙將果肉挖出即可（參考p.123）。

♥ 秋葵

〈 切除蒂頭的前端 〉

只將蒂頭前端部位稍微的切除。如果將蒂頭部位整個切除的話，汆燙過後會變得水水的，要特別注意。

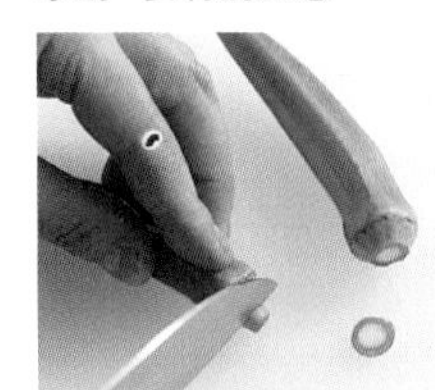

♥ 白蘿蔔

〈 厚厚的削除外皮 〉

靠近外皮的部位充滿纖維，要將皮切除厚厚一層。切成需要使用的長度後，將菜刀嵌入，一邊轉動一邊將外皮削除約3～4mm的厚度。

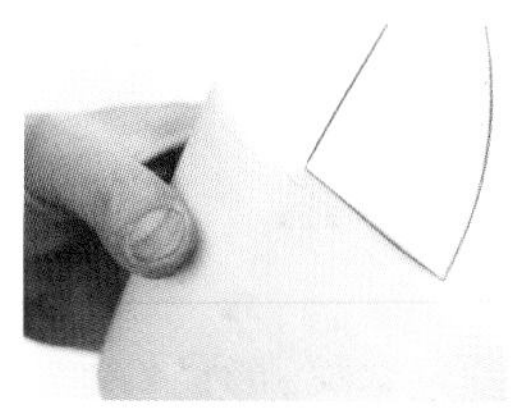

♥ 洋蔥

〈 將皮剝除 〉

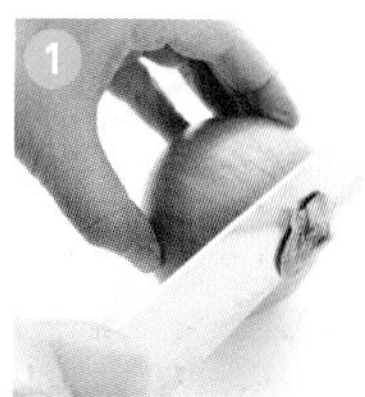

將根部切除5mm左右、頂端凸起的部位也要切除。

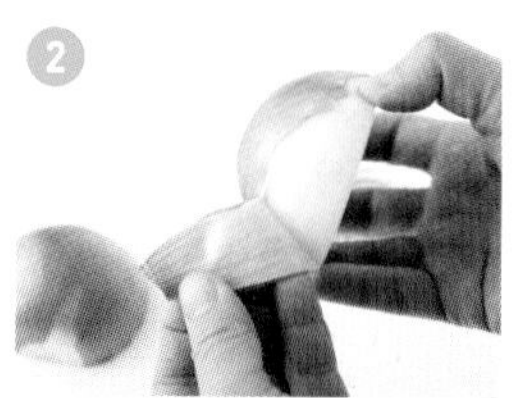

縱向對半切開，從頂端的切口抓取外皮的邊緣向下剝除。

〈 將根部切除 〉

將切口較大的一面朝下放置，在根部的兩側斜斜的朝內切入，以V字形來切除。

〈 使用鹽巴消除黏液 〉

將芋頭放入大碗內，灑上鹽巴（600g的芋頭約需1／2大茶匙的鹽巴）。為了防止皮膚發癢，可戴上塑膠袋等物來料理芋頭。

出現黏液之後，一邊將芋頭相互摩擦一邊用水清洗消除黏液。

♥ 四季豆

〈 去除蒂頭 〉

將四季豆朝同一方向以齊頭式排列，將蒂頭部位切除。近年來的四季豆因為品種改良的結果，不用去除纖維也無妨。

♥ 山茼蒿

〈 摘取葉片 〉

接近根部的部位非常堅硬，做成沙拉或油炸等料理的時候，要取葉片前端柔軟的部位，從莖部折斷使用。堅硬的部位可以切細後汆燙或拌炒使用。

♥ 芋頭

〈 將皮削剝除 〉

帶有泥巴的芋頭，可放置大碗中以清水稍加清洗，接著於水龍頭下方將泥巴沖洗清除，置於濾網上瀝除水分。

將上下兩端稍微切除。

為了在削皮時會滑動，要讓兩端的切口沾上少量的鹽巴。

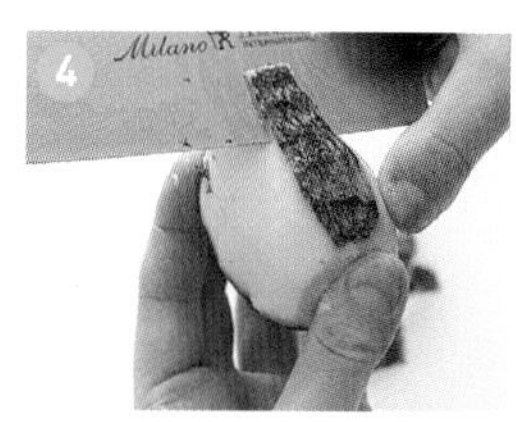

由上往下，以相同的寬度將皮剝除。削除1面的皮之後，接著削除正後方的皮。1顆約分成6～8道削除。

♥ 苦瓜

〈 去除種籽 〉

將兩端各切除2cm左右，以縱向對半切開。白色的瓜囊具有強烈的苦味，使用較大的湯匙將瓜囊連同種籽一起刮除挖出。

♥ 牛蒡

〈 用菜瓜布清洗 〉

想要完整呈現牛蒡的風味，就不要將皮削除，使用菜瓜布搓洗，將泥巴去除洗淨。

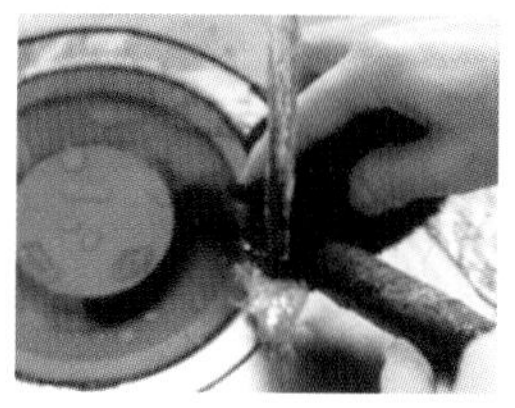

〈 將皮刮除 〉

將泥巴沖洗乾淨，用菜刀背部（刀背）從上往下摩擦的方式將外皮刮除。

〈 削成薄片 〉

將牛蒡以斜向拿取，置於裝有清水的大碗上，一邊慢慢的轉動，一邊將牛蒡的前端薄薄削除使其落入水中（想像削鉛筆的樣子）。浸泡至水中，是為了防止切口因為接觸空氣而變色。

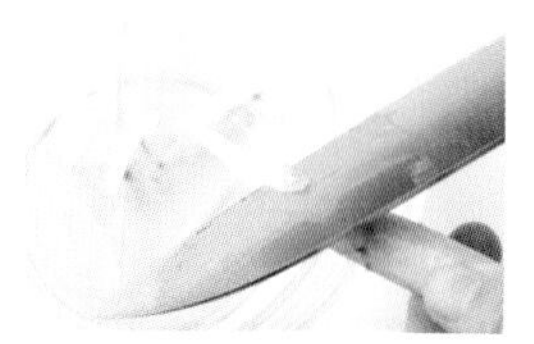

MEAT

♥ 雞腿肉

〈 切成相同的厚度 〉

將皮朝下攤開肉片，將菜刀打橫切入肉質較厚的部位，沿著刀刃的角度帶入切痕。直接將切入的部位張開調整厚度，另一側的較厚部位亦以相同方式切開並張開。

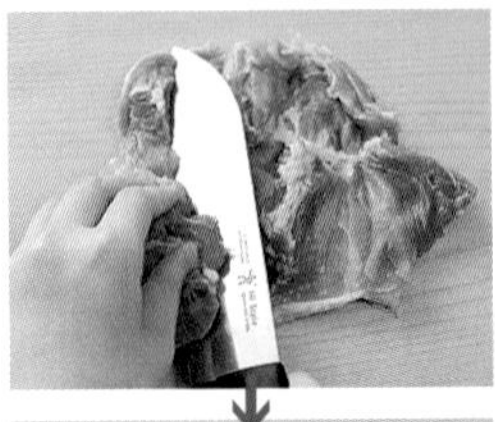

♥ 雞胸肉

〈 將肉筋去除 〉

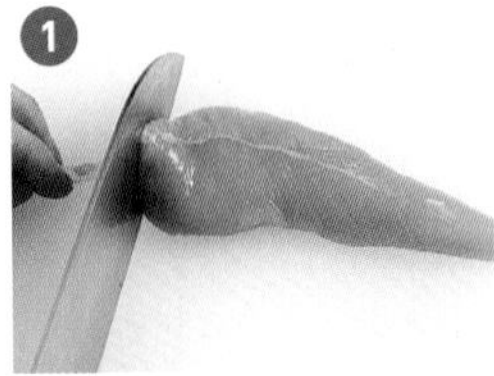

1 將具有白色肉筋的一面朝下，用手指確實按壓肉筋前端。

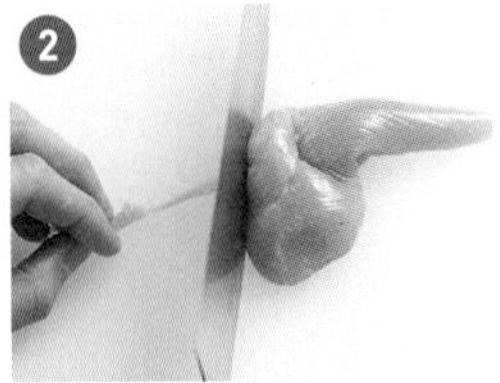

2 使用刀背切入肉筋邊緣，沿著肉筋拔除。

〈 切成細絲 〉

將切口朝上並以縱向排列，從邊緣開始切成細絲。切口朝下的話，因為外皮較硬，且容易讓菜刀滑動而會比較難切。

〈 將蒂頭挖除 〉

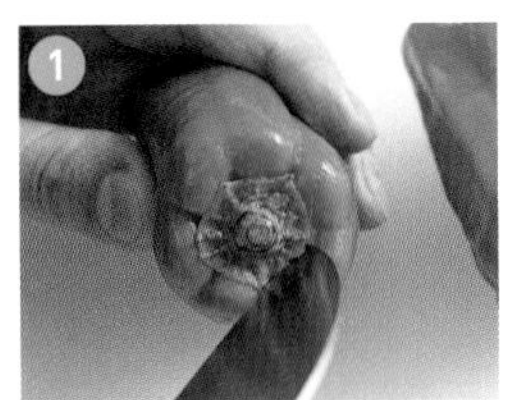

1 將菜刀的刀尖刺入蒂頭的邊緣。施力過度的話將會切除過多部位，要以一點一點移動的方式轉動刀刃。

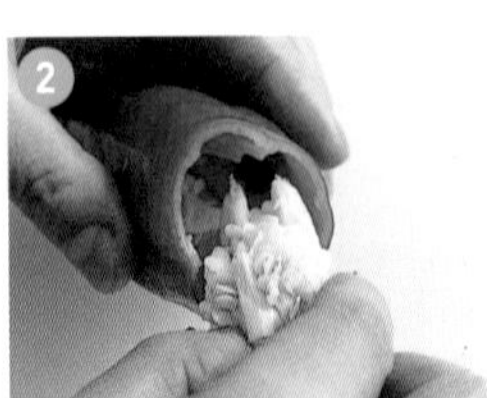

2 用手指將蒂頭拉出，種籽也會跟著拔出。如果還有種籽殘留，就用手指來清除乾淨。適合要將食材填入青椒內的料理。

♥ 豆芽

〈 將根鬚去除 〉

放入大量的水中清洗，將前端變細的根鬚部位折斷去除。如此可以去除苦味，讓口感更好。

〈 切成丁狀 〉

將切成圓形切片的番茄再以縱向橫向切成1～2cm寬度。因為大小類似骰子，又稱骰子切丁。想要大一點的番茄丁，切片時切厚一點即可。

♥ 白菜

〈 將菜梗和葉片分開 〉

菜梗和葉片的煮熟方式不同，在大概的界限上切開。

♥ 青椒

〈 將蒂頭和種籽去除 〉

切除蒂頭部位之後，以縱向對半切開。用手指握住種籽，像是將瓜囊部位剝除似的一口氣撕下去除。

VEGETABLES

♥ 番茄

〈 將蒂頭去除 〉

將菜刀的刀尖刺入蒂頭的邊緣，圓圓的旋轉一圈，像是挖孔一樣的將蒂頭去除。

〈 用熱水剝除外皮 〉

1 將薄皮剝除可讓口感或調味料的吸收變得更好。去除蒂頭後，在反方向淺淺地帶入十字形的刀痕。

2 置於網狀撈杓（或開孔湯杓）之上，將蒂頭的方向朝下放入熱水內，浸泡至可以從十字形的切痕將外皮完全剝除為主。

3 開始剝皮之後，要立刻將番茄放入裝有清水的大碗內，抓取從刀痕部位皺起的外皮向下剝除。

♥ 竹莢魚

〈 切成三片 〉

「切成三片」就是分成兩側魚肉和中間骨頭切開，適合串燒或油炸等，只使用魚片部位的料理。

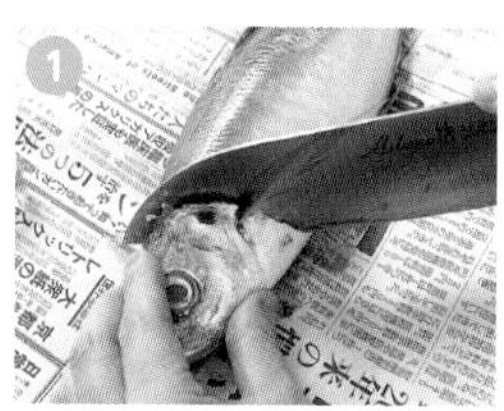

1 去除竹莢魚的黃鱗（參考p.75），將菜刀從胸鰭的底端斜向切入，切到魚骨為止。反側亦以相同方式處理以切下魚頭。

2 將魚尾朝左、腹部朝向自己，將菜刀從頭部的切口切入，朝尾部方向將腹部切開5cm。

3 利用菜刀的刀尖插入②的切口處，在不破壞魚肉的狀況下將內臟挖出。

4 位於魚骨之間的血液，是出現苦味的原因。事先使用刀尖切入數刀，接著就能輕鬆的清洗脫落。

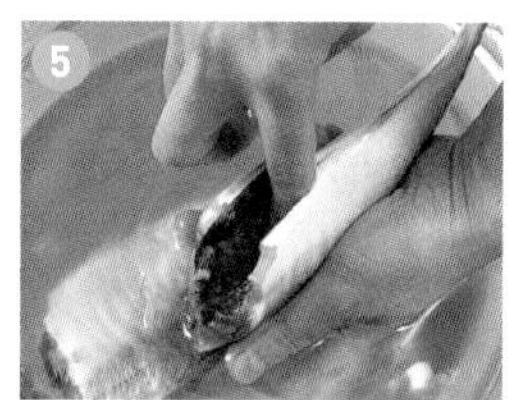

5 殘留的內臟就以清水沖洗仔細去除。血塊的部位，是用指尖以輕搓的方式清洗乾淨。

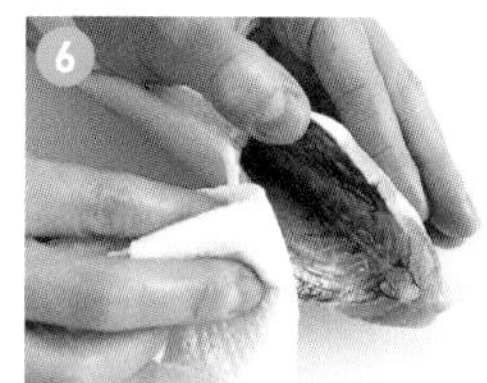

6 瀝乾水分，使用餐巾紙從頭部向尾部擦乾水分。容易殘留水分的腹部內側，也要用心擦乾。

7 將頭部朝右、腹部朝向自己，從腹部的切口朝魚尾的連接處深深的將菜刀切入。刀尖約要深入到接觸魚骨的部位。

8 將腹部的魚肉翻開，讓刀尖接觸魚骨上方，沿著魚骨來移動刀刃，在腹部的魚肉和魚骨間帶入刀痕。

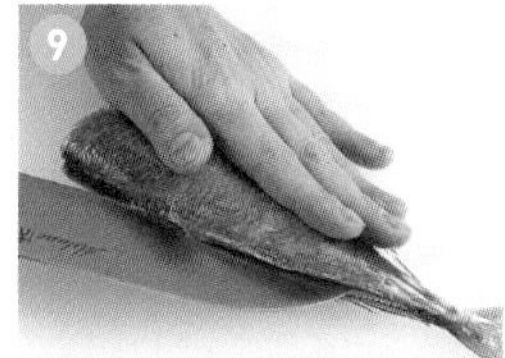

9 將頭部朝右、背部朝向自己，將菜刀從連接魚尾的部位和背鰭的上方切入，沿著魚骨朝魚頭的方向帶入深深的刀痕。

10 從魚頭連接魚骨的部位切入菜刀，朝魚尾方向沿著魚骨的上方滑動刀身，將上半部的魚片切開。這就是切成兩片。

11 將魚骨朝下，首先從背部深深的帶入刀痕，讓魚片方便切開（參考⑨），接著從頭部沿著魚骨將菜刀滑向腹部，接著向魚尾切開魚片。這就是切成三片。

〈 將腹骨清空 〉

將切成三片的魚片的腹部朝左，將菜刀打橫將腹骨部位薄薄的切除。

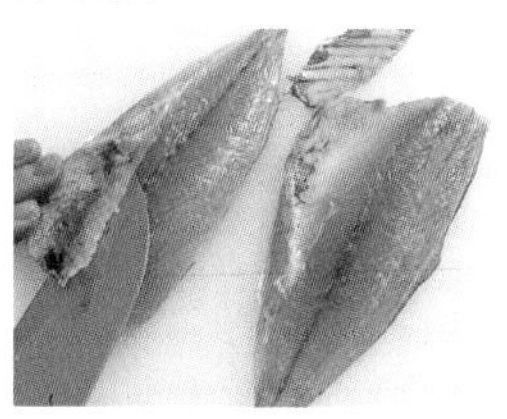

〈 將小刺拔除 〉

用手指觸摸魚片中央，摸到小刺時，使用拔刺的夾子朝魚頭的方向拔除。朝反方向拉會較難拔除。

〈 將薄皮剝除 〉

從頭部開始將薄皮稍微拉起後，按壓住魚肉，將薄皮朝尾端剝除，就能輕鬆的剝掉魚皮。

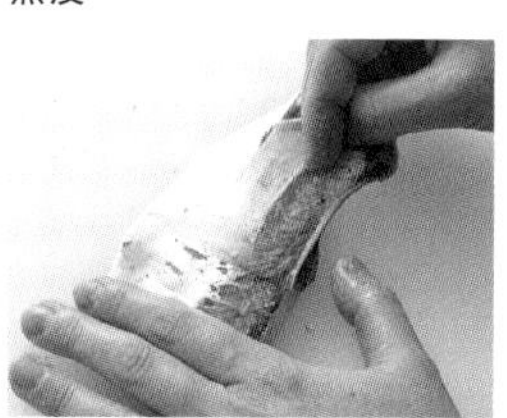

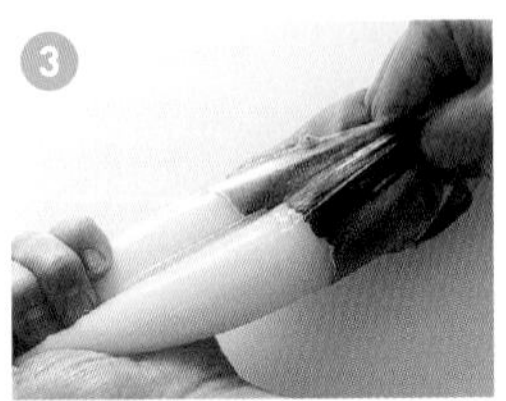

去除三角鰭之後，使用餐巾紙以摩擦方式剝除周圍的薄皮。

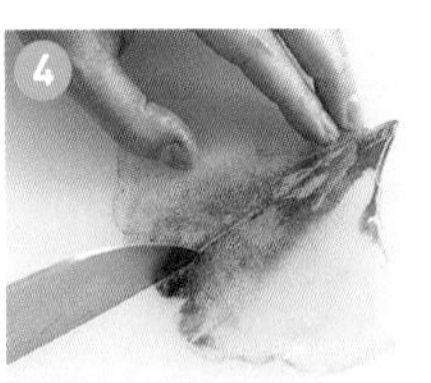

確實握住外皮，以拉扯的方式將外皮拉扯剝除。如有外皮殘留，使用餐巾紙加以摩擦去除即可。

在三角鰭的中間劃下縱向的刀痕，從此處將皮剝除。使用餐巾紙可幫助止滑，而方便剝皮。

〈 觸手的處理 〉

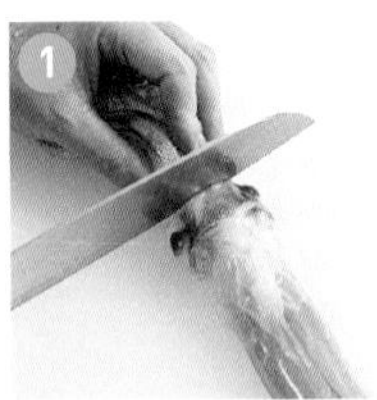

將眼睛和腳之間稍微凹陷的部位切下去除。新鮮的肝臟可以作為醃漬或拌飯使用。

♥ 透抽

〈 將內臟清除 〉

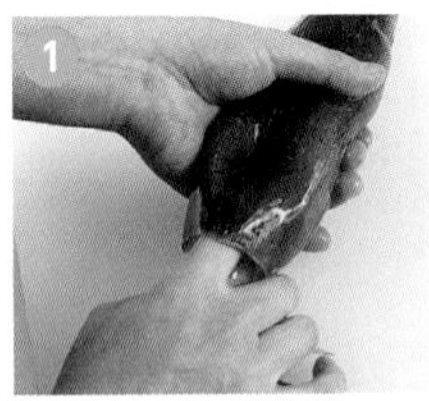

將表面（眼睛朝向正面的一面）朝上拿取，將手指插入身體，用手指將黏在身體上的內臟拔除。

將觸手拔開，讓內臟和身體部位分離。如果內臟或墨囊破裂會污染到身體部位，請小心的輕輕處置。

〈 將軟骨拔除 〉

將連接身體內側的透明軟骨拔出。將手指伸入身體內側確認是否還有內臟殘留，有的話就一併拔除。

〈 將皮剝除 〉

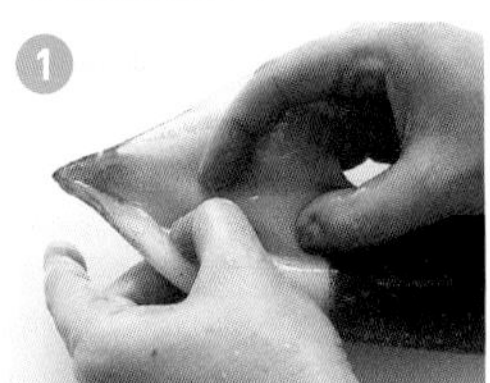

轉向內側，將三角鰭向外折成兩折的方式握住，將手指插入身體前端的左右兩側，將三角鰭從身體上拔起，並慢慢的將整個剝掉。

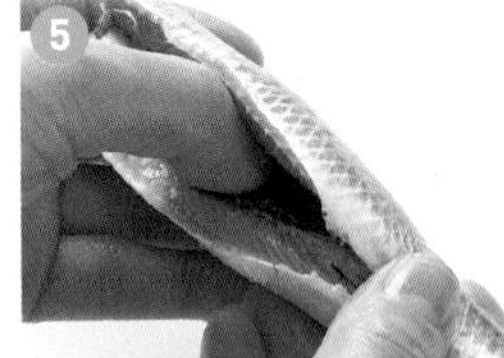

將頭部朝右、背部朝向自己拿起，將左手的拇指伸入腹部，插進魚骨的上方，像是要將骨頭和魚肉分離的感覺，深深的插入並滑向頭部方向。

右手的拇指亦以相同方式，從魚骨的上方滑向魚尾方向。

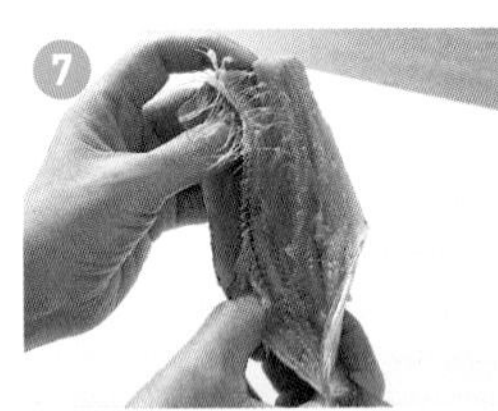

張開魚片，將左手拇指的指尖從中間移往魚骨下方，沿著骨頭滑向頭部方向，使其與魚肉分離。右手拇指的指尖是插入魚骨的下方，沿著骨頭滑向魚尾方向，使其與魚肉分離。

從頭部抓住魚骨向上提起，輕輕的從身上拔起，注意不要連魚肉一起拔起。在連接魚尾處，將魚骨折斷拔掉。

♥ 沙丁魚

〈 手切法 〉

將魚頭朝左，使用菜刀的刀刃從魚尾朝魚頭方向摩擦，以清除魚鱗。將菜刀沿著胸鰭尾端直直切下，直接連骨頭一起切斷的切下頭部。

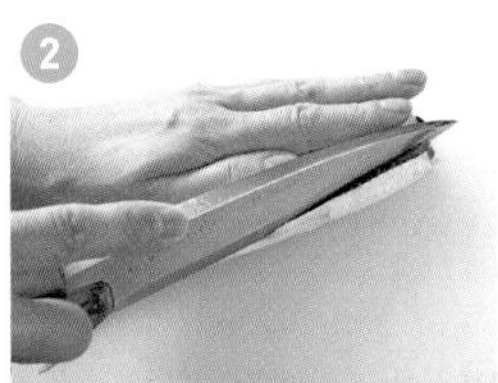

將頭部朝右、背部朝向自己，從頭部的切口朝尾端方向，斜斜的將腹部部位切開。

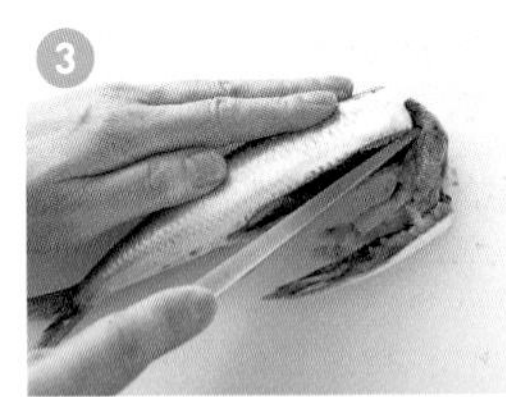

將菜刀深入腹部，用刀尖挖出內臟清除乾淨。

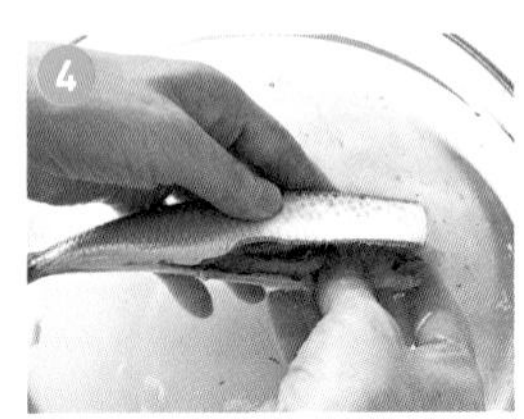

在裝有清水的大碗中，用手指溫和的清洗腹部內側，將血塊也都一起去除。清洗乾淨之後要將水擦拭乾淨。

OTHERS

♥ 紅辣椒

〈 去除種籽 〉

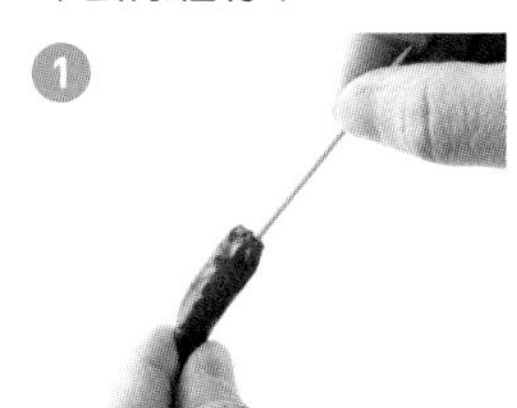

使用料理剪刀剪去頂端的2～3mm左右。用牙籤插入內部並加以旋轉，可幫助取出種籽。

將切口朝下，輕輕晃動讓種籽掉落。

♥ 蒟蒻絲

〈 切成十字形 〉

從袋中取出之後，直接放置到砧板上，以縱向橫向分別切下1刀。和蒟蒻一樣，預先汆燙過才能使用。

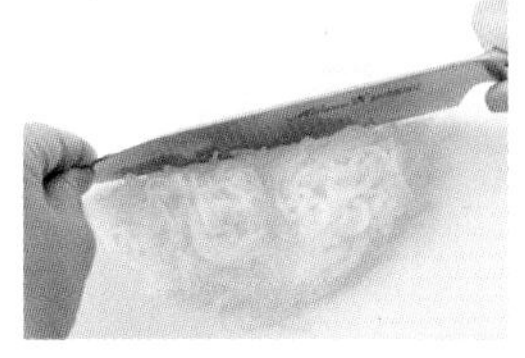

♥ 蒟蒻

〈 預先汆燙過 〉

切成方便食用的大小後，用熱水汆燙約3分鐘左右，以去除附著於表面的石灰粉。

♥ 乾燥香菇

〈 回復 〉

用水清洗，將香菇梗朝下，注入可蓋過香菇的水分。為了不讓香菇浮出需要用碗蓋住，靜置約1小時以上。泡香菇的水會帶有甜味，可作為高湯使用。

♥ 乾燥羊栖菜

〈 回復 〉

用水沖洗過後放入較大的大碗，浸泡在大量的水中約15分鐘左右。變軟之後即可將水倒掉，並再度注入清水加以清洗，放置濾網上瀝乾水分。

♥ 鮪魚罐頭

〈 倒掉罐頭水 〉

將罐頭的蓋子稍微打開，留出一點空隙，並從此處將罐頭水（或油）倒乾。

♥ 豆腐

〈 骰子形切塊 〉

因為豆腐容易破碎，要放在砧板上處理。先將菜刀打橫，將厚度切成一半。再以縱向切成1～2cm寬度，接著改變砧板方向，再度以縱向切成1～2cm寬度。

♥ 鹽藏海帶芽

〈 回復 〉

用水清洗以沖掉鹽巴，再用水浸泡以去除鹽分並使其回復。使用熱水稍微汆燙，等顏色變得鮮豔之後就去除水分，等候冷卻（依照料理的不同，亦可能不需汆燙即可使用）。

〈 將莖去除 〉

回復後的海帶芽尾端較硬的部分就是莖，此部位的口感很差，會感到在意就要予以切除。

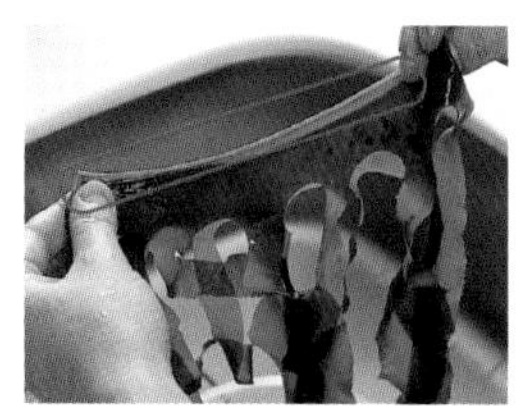

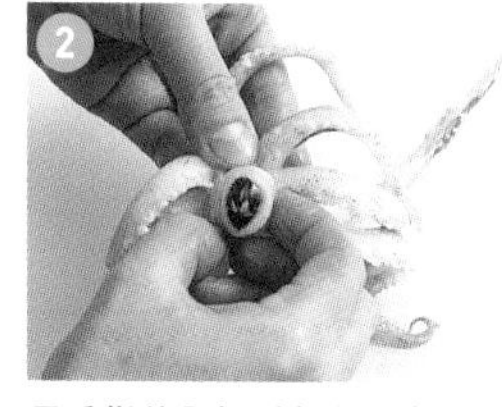

用手指伸入觸手根部，將硬硬的嘴擠出來，用菜刀切除。如果不擅長此種處置法，直接切除也OK！

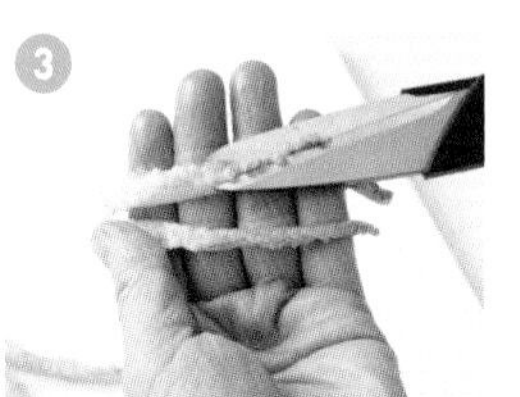

從透抽觸手連接的部位攤開，分成1～2隻切下。吸盤使用料理剪刀來剪除。

鱈魚卵

〈 攤開 〉

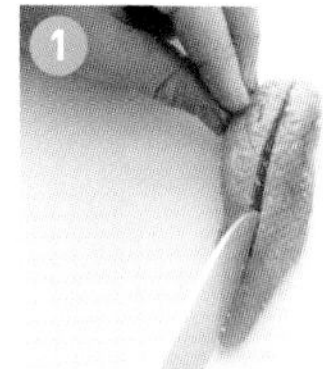

在薄皮帶入縱向的刀痕。

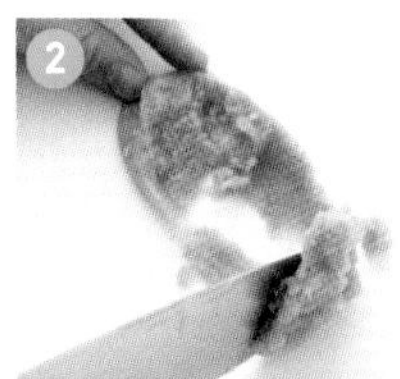

用菜刀背部（刀背）將其攤開，像是扯開的感覺來拉出，將薄皮去除。

將日常中常用的調味料統一介紹。
依照使用方式的不同也會大大左右料理的口味，
瞭解個別的特性，聰明的善加利用吧。

基本的調味料

醋 SU

米醋　穀物醋

依照不同原料可製作出各式各樣的醋，但一般使用的是穀物醋或米醋。米醋具有滑順又濃郁的口味，適合用於不需加熱的料理。除了調味之外，也具有殺菌、防腐和漂白效果等功效。

醬油 SE

淡味醬油　濃味醬油

食譜中所登場的「醬油」，一般指濃味醬油。淡味醬油的顏色較淡，但鹽分比濃味醬油更高，適合用於不需要熬煮出色彩時的熬煮或湯汁等料理使用。在古代，部分的醬油是以「SEUYU」來稱呼，依照此由來，而以「SE」來標示。

味噌 SO

淡色味噌

白味噌

紅味噌

在主原料的大豆中，加入麴和鹽巴使其發酵製成的調味料。因為麴的原料為米或麥的不同，以及產地的不同，顏色和口味都會不同。在日本所食用最多的就是淡色味噌，亦稱為信州味噌。食譜中沒有特別指定的時候，使用淡色味噌（信州味噌）即可。

烹飪的「SA SI SU SE SO」是指？

主要是關於日式料理，用方便好記的日文發音縮寫方式（砂糖、鹽巴、醋、醬油、味噌），來記住添加基本調味料的順序。先從比較難以入味的砂糖開始來添加。如果先添加鹽巴或醬油，將會難以吸收甜味而要加在砂糖之後，又因為想要留下醬油的滋味，所以在起鍋的時候加進去。

砂糖 SA

精白砂糖

三溫糖

一般作為料理使用的是精製提煉的精白砂糖。三溫糖則是精製程度較低的紅砂糖，外觀呈現微微棕色。以濃濃的甜度和稠度為特徵，適合佃煮和熬煮料理。本書中的食譜，是依照個人喜好，使用任何一種都OK。

鹽 SI

精製鹽

天然鹽

天然鹽類有鈉純度99%的精製鹽、海鹽和岩鹽等種類（粗鹽亦屬於天然鹽）。天然鹽含有鹽鹵和鎂等等的礦物質，具有豐富的口感。本書介紹的食譜，使用的就是天然鹽。可將食譜的份量作為大約值，一邊試吃一邊使用家裡現有的鹽巴來進行調整。

【酒精類】

食譜中所謂的「酒」，意指日本酒或是料理酒，具有消除食材腥味、增添口感的效果。料理酒因為含有鹽分和甜味，使用時需要予以適度的調整。原味味醂是比砂糖更具有沉穩和高質感的甜味，適合用於想要帶出甜味或照燒口感時使用。此外，部分的料理也需要使用到紅酒或白酒，選購便宜的產品即可。

味醂和味醂風調味料是不同的產品

味醂風調味料是酒精濃度不到1%，添加醣類和氨基酸等甘甜的調味料而類似味醂的產品。想要煮出照燒口感時，和原味味醂具有相同效果，但如果期待的是滑順的甜味或防止煮過頭的效果，則推薦使用原味味醂。

葡萄酒

味醂

酒

【香料類】

咖哩粉

粗磨顆粒黑胡椒

胡椒

香料可為料理增添辣味和口感。預先醃漬或調味的時候等等，胡椒是必備的產品，常用的是將白胡椒和黑胡椒混合研磨的粉末類型。粗磨顆粒黑胡椒則以鮮明的辣度和強烈的香氣為特徵。咖哩粉是只要輕輕一灑，就能輕鬆帶來咖哩的香氣，擁有的話就很方便。

【油脂類】

奶油

橄欖油

麻油

沙拉油

以植物種籽或果實所製成的油品，例如玉米油或菜籽油等等，一般統稱為沙拉油。沒有特殊規則，從沙拉醬汁到拌炒、油炸等等，可全盤使用於各式料理。除此之外，以濃郁香氣為特徵的麻油、義大利料理所不可或缺的橄欖油等等也可以都預先準備起來。奶油為動物性的油脂，具有特殊濃度和香氣，主要用於西式料理。

【粉類】

太白粉

麵包粉

麵粉

食譜中所謂的「麵粉」意指低筋麵粉，可以抹在肉類或魚類上煎烤以鎖住肉質的鮮甜，或是作為油炸料理的麵衣，無論日式、西式、中式都會用到。麵包粉是油炸麵衣和漢堡肉的黏合所必須的。太白粉除了可作為油炸物的麵衣之外，亦可以清水溶解，於湯汁或內餡需要勾芡時使用。

【湯汁的湯頭・日式高湯的湯頭】

日式高湯（液狀）

日式高湯（顆粒）

高湯塊

雞粉

作為料理湯底的高湯或湯汁，只要利用市售的濃縮湯頭，就能輕鬆備妥。使用清水或熱水溶解之後即可使用，但商品不同，所需使用的份量亦有所不同，請確認包裝標示之後再行使用。雞粉主要用於中式料理，以蔬菜清湯或肉類清湯的名稱販售的產品，主要使用於西式料理。

這個指的是什麼意思呢？

食譜的相關用語

食譜中所出現的用語具有獨特的意涵，在料理時初次看到這個用語的話，有可能會不知所措。事先瞭解其意涵，才能讓烹飪過程順利進行，請先學起來吧。

A

【雜質的撈除】
食材的苦味和澀味，在接觸空氣時讓食材變色的成分，就是雜質。汆燙或熬煮的過程中，會在水面浮起的棕色泡沫，要使用濾網或圓孔湯杓來撈除。事先準備裝滿清水或熱水的大碗，撈除後要將用具放置其中清洗乾淨。

【調味】
意指在料理起鍋之際對口味進行調整。一邊試吃，一邊依照喜好添加鹽巴、胡椒、醬油等等來調整口味。先以較淡的口味烹飪，最後再來調整口味的話，失敗的機率比較小。

【去除油脂】
在使用油豆腐、炸厚豆腐、甜不辣等等，事先經過油炸的製品時，需要先用熱水以畫圓方式淋過或汆燙過，將表面多餘的油分予以去除。經過油脂的去除，也能讓食材的入味程度變得更好。

【等候冷卻】
從剛剛加熱好的炙熱狀態，放置冷卻並等候到可以用手觸摸的溫度。接著要與冰冷的食材攪拌混合的時候，或是炎熱狀態下會容易變形、變色等等的緣故，就需要等候冷卻。可以直接放置冷卻，或攤在濾網上冷卻。

【等到變色之後】
意指將肉類或魚類加熱烹飪時，因為表面吸收熱度而改變色澤的狀態，是接著要添加食材或調味料時概約的測量基準。此外，也泛指在汆燙的時候，將食材取出時的概略時間點。

【煮出美麗色澤】
意指在汆燙菠菜和豌豆等等，為了不要失去蔬菜所特有的美麗色澤，而在熱水中添加少許鹽巴再來快速汆燙。汆燙過後如果直接放著不管，難得的鮮豔色澤將會付之一炬，可攤開於濾網上幫助冷卻，或是以冷水沖洗使其急速冷卻後，再徹底瀝乾水分。

【小於鍋具的鍋蓋】
製作熬煮類料理時，在食材上鋪上一個較鍋子直徑小一圈的鍋蓋來熬煮，這就是小於鍋具的鍋蓋。可以防止煮過頭、又能讓湯汁均勻分散到整體，幫助食材入味。亦可使用烤盤紙或鋁箔紙來代替。

KA

【出現香氣】
意指拌炒大蒜和生薑、蔥等等具有香氣的蔬菜或紅辣椒時，食材的香氣轉移至油脂當中。因為這些食材容易燒焦，關鍵在於使用小火來拌炒。

【酥脆的狀態】
煎烤肉類或魚類，或是油炸料理炸好的時候，決定起鍋的衡量基準。透過加熱的處理，致使食材表面的水分蒸發、或是讓脂質揮發，致使表面呈現適當的硬度，並讓食材呈現金黃色的狀態。

【煎烤．炸到出現金黃色澤】
意指煎烤料理的時候，表面出現具有香氣的金黃色澤的狀態。或是油炸的時候，食材表面炸出淡淡金黃色澤並出現香氣的狀態。

【事先醃漬】
意指事先在食材添加鹽巴、胡椒等等，來加以醃漬。此外，淋上酒類、浸泡在調配好的調味料中等等的方法，具有可以幫助食材入味、去除腥味、幫助肉質軟化等等的效果。

【放置室溫回溫】
需要讓奶油在軟化的狀態下使用時，或是煎烤肉類或魚類時，如果太過冰冷將會出現加熱不均的狀態，所以在從冰箱取出時，要先暫時放置於室溫之下回溫。亦稱為「放置於室溫」。

【煮到軟化之後】
意指煮到軟化不再僵硬、呈現柔軟的狀態。拌炒蔬菜的時候呈現變軟的狀態，或是在蔬菜灑上鹽巴使其出水之後的狀態。

【出現孔洞】
意指蒸熟蛋液製作茶碗蒸，或將豆腐溫熱製作成湯豆腐等等，火候太強而加熱過度時，會在表面形成大量細小洞孔的狀態。

【切斷肉筋】
意指使用菜刀將位於肉的肉質和脂質界線的筋切成數段。這是為了防止因為煎煮而造成縮水或反折的狀態。雞肉的話，只要將肉質和脂肪之間出現的白色筋切斷即可。

【去除腸泥】
位於蝦子背部黑色的筋，也就是腸泥，殘留腸泥的話容易出現腥味，外觀也不太美觀，可使用竹籤等予以挑除。沒有腸泥的蝦子則可直接使用。

【沿著纖維的方向】
纖維就是蔬菜上縱向的筋，意指沿著這個筋的方向。

【像是要切斷纖維】
相對於蔬菜上縱向的筋，意指反方向的直角狀態。

【勾芡】
意指在熬煮、湯汁、醬汁裡添加用水溶解過後的太白粉來加熱，以增加濃度和濃稠感，可幫助食材和湯汁融合。

【鍋緣】
意指平底鍋或鍋子的內側的側邊。主要是在拌炒時，如果將醬油等調味料沿著熱騰騰的鍋緣來加入，就不會直接接觸到食材，又能炒出完美的香氣。

【熬煮攪拌】
意指在熬煮的同時，將湯汁、調味料和食材攪拌混合。

【燉煮】
意指在熬煮的過程中讓水分揮發，讓湯汁的份量變少。

【煮到入味】
意指在熬煮的過程中讓食材的內部也都確實吸收味道。

HA

【撢開】
意指需要在食材沾上麵粉或太白粉等粉類的時候，用手輕輕拍打使多餘的粉末掉落的狀態。

【剛好蓋過】
意指在熬煮的時候，在鍋中放入食材、水和高湯之後，食材剛剛好稍微露出水面一點的狀態。因為食材幾乎沒有活動的空間，適合料理容易因熬煮而破損的食材時使用。

【一小撮】
鹽巴或砂糖等，非液體類的調味料的測量方法之一。用於不到需要量匙測量的份量時，使用拇指、食指、中指的3隻手指能抓取起來的份量。2小撮的話，就是1小撮的2份。

【煮熟之後】
在湯汁煮熟之後再繼續熬煮1～2分鐘左右。

【繼續熬煮】
添加食材和調味料的時候會讓湯汁的溫度降溫，而要將湯汁繼續熬煮到煮滾的沸騰狀態的這個手續。

【畫圓方式淋上】
意指不將調味料或攪拌好的蛋液淋在固定位置，而是像畫圓似的沿著周圍慢慢的在整體全部淋上。

【用水浸泡】
意指為了要去除雜質，或是煮出鮮美色澤，而需要浸泡在水中或醋水的狀態。

【用水冷卻】
意指將汆燙好的蔬菜或麵類，放到裝滿水的大碗中使其冷卻。但長時間浸泡水中會使蔬菜的維他命流失，或是麵類吸水膨脹而失去彈性，為了要急速冷卻，亦可以冰水浸泡或流水沖洗。

【削圓】
意指熬煮白蘿蔔和紅蘿蔔等等的根莖類食材時，為了防止煮到破碎的狀態，而事先將切好的蔬菜的邊緣，用菜刀削掉薄薄一層。

【回復】
意指羊栖菜、蘿蔔乾、粉絲等經過乾燥處理的食材，泡在大量的清水或溫水中使其恢復到原本的狀態。羊栖菜的話，回復後的體積會增加到7倍左右。

【出現煎烤的色澤】
意指煎烤至食材表面出現香噴噴金黃色澤的程度。

【隔水加熱】
意指在大碗內裝入熱水或溫水，置於裝有食材的大碗的底部，以間接的幫助食材融化或加熱。於融化奶油或明膠粉時使用。

【用餘溫來燜熱】
在加熱烹調之後將火關閉，利用殘留在鍋子和食材內的餘溫，讓食材整個熟透。為了不讓熱度流失，而要蓋上鍋蓋，亦可在鍋子周圍包上毛巾或報紙。

罐頭・乾燥食材

食材別索引表

肉・肉類加工品

魚產類・魚產加工品

蛋・豆腐・其他

乳製品

飯類・麵類・麵包

蔬菜 *含果實類

料理・指導

牛尾理惠（USHIO RIE）

畢業於東京農業大學短期大學部，其後擔任營養師於醫院負責飲食控制。歷經食品、料理的專門製造公司工作後，獨立成為料理研究家。以人人都能輕鬆作出營養均衡的美味料理獲得好評。著有『讓料理的製作變輕鬆！做好備用的菜餚』（主婦之友社）、「春・夏・秋・冬 我家的壓力鍋食譜」（成美堂出版）等多數著作。

只要3步驟廚房新手變主廚！ 基本和風料理100

出版日期：2015年4月18日第一刷

Staff

發行人／黃詠雪
副社長／邱美珍
責任擔當／副總編輯　楊佳蓉、編輯　鍾嘉儒、王子由
美術擔當／黃靖芳、Kai
國際版權部／經理　廖麗娟、版權專員　劉瀞月、徐凡媗

編輯製作／青文出版社（股）公司
CHING WIN PUBLISHING CO., LTD.
地址：台北市長安東路一段36號3樓
電話：02-2541-4234
網址：www.ching-win.com.tw

作者／牛尾理惠
監修（食材對照表、p.148～153）／牛尾理惠　久保香菜子　田口成子　武藏裕子
封面設計／釜內由紀江（GRID）
內文設計／釜內由紀江　飛岡綾子（GRID）
攝影／山田洋二（封面、p.20～49、58～85、100～115）
鈴木江実子（主婦之友社照片課／p.50～56、86～98、116～123、126～147）
造型／黑木優子
插圖／Yuzuko
營養計算／新 友步
構成・編輯／水口麻子（p.4～18、p.57～124）　早川德美（食材對照表、p.20～49、p.56、p.126～157）
責任編輯／安井万季子（主婦之友社）

法律顧問　敦維法律事務所　郭睦萱律師
製版：沈氏藝術印刷股份有限公司
印刷：沈氏藝術印刷股份有限公司

國家圖書館出版品預行編目（CIP）資料

只要 3 步驟廚房新手變主廚：基本和風料理 100 / 牛尾理惠作 .
-- 臺北市：青文，2015.04
面；　公分
ISBN 978-986-356-238-2（平裝）

1. 食譜
427.1　　　104004491